摄影用光的180个问答

视觉中国500px摄影社区
六合视界部落

编著

人民邮电出版社
北京

图书在版编目（CIP）数据

专业摄影师这样拍：摄影用光的180个问答 / 视觉中国500px摄影社区六合视界部落编著. -- 北京：人民邮电出版社，2021.11
ISBN 978-7-115-57252-3

Ⅰ. ①专… Ⅱ. ①视… Ⅲ. ①摄影光学 Ⅳ. ①TB811

中国版本图书馆CIP数据核字(2021)第178198号

内 容 提 要

本书对学习摄影用光所涉及的曝光与测光基础知识、采光技巧、光影的运用、高级用光技巧以及风光摄影用光、人像摄影用光、静物与商品摄影用光和后期光效等相关知识，进行由浅入深的介绍。笔者将比较抽象的用光理论、原理，结合不同题材具体的实战案例进行讲解，可以让读者尽快领会摄影用光的精髓，快速提高自己的用光水平。

本书将介绍与摄影用光相关的摄影前期与后期知识，并将相关知识、技巧总结为 180 个知识点，以问答的形式呈现，内容非常全面、系统，能给读者带来知识的量化学习体验，让读者的学习变得更有节奏感、更轻松。经过对本书的系统学习，读者可以拿起相机走到户外，进行精彩万分的摄影创作。

希望本书能够为提高初学者的摄影水平带来立竿见影的效果。本书适合摄影爱好者、摄影从业人士阅读和参考。

◆ 编　　著　视觉中国 500px 摄影社区六合视界部落
责任编辑　杨　婧
责任印制　陈　犇

◆ 人民邮电出版社出版发行　　北京市丰台区成寿寺路 11 号
邮编　100164　　电子邮件　315@ptpress.com.cn
网址　https://www.ptpress.com.cn
北京宝隆世纪印刷有限公司印刷

◆ 开本：690×970　1/16
印张：19　　2021 年 11 月第 1 版
字数：486 千字　　2021 年 11 月北京第 1 次印刷

定价：128.00 元

读者服务热线：(010)81055296　印装质量热线：(010)81055316
反盗版热线：(010)81055315
广告经营许可证：京东市监广登字 20170147 号

前言

EFACE

摄影是一个技术、理念与艺术灵感相融合的创作过程，如果你拥有了一部数码相机，那么你还要学习摄影技术、摄影理念，还要培养一定的艺术灵感。

构图是摄影的基础，而用光则是提升作品艺术表现力的核心因素。本书将对摄影用光的全方位知识进行详细讲解，并将容易被忽略的色彩艺术等融入用光的过程，进行全方位、多角度的介绍，帮助你最终完成摄影美学设计和创意整个过程的学习。

本书是以下丛书中的《专业摄影师这样拍——摄影用光的 180 个问答》，读者如果要学习风光、人像、儿童摄影等题材的拍摄，或是学习构图等更专业的摄影美学知识，也可以关注丛书中的其他图书。

《专业摄影师这样拍——数码摄影的 180 个问答》

《专业摄影师这样拍——人像摄影的 180 个问答》

《专业摄影师这样拍——风光摄影的 180 个问答》

《专业摄影师这样拍——儿童摄影的 180 个问答》

《专业摄影师这样拍——摄影构图的 180 个问答》

《专业摄影师这样拍——摄影用光的 180 个问答》

《专业摄影师这样修——摄影后期的 180 个问答》

《专业摄影师这样拍——手机摄影的 180 个问答》（拍摄与后期完美版）

读者在学习本书的过程中如果遇到疑难问题，可以与编者联系，微信号为 381153438，QQ 号为 381153438。另外，建议读者关注我们的微信公众号“深度行摄”（查找 shenduxingshe，然后关注即可），我们会不断发布一些有关摄影、数码后期和行摄采风的精彩内容。

目录

第1章 用光基础：曝光与测光

第2章 摄影采光技巧

第5章 风光摄影用光

第6章
人像摄影用光

第7章

静物与商品摄影用光

第8章

后期光效

第 1 章

用光基础：曝光与测光

精确地控制曝光，让画面合适地展现所拍摄场景的明暗反差与丰富的纹理、色彩，是一张照片成功的标志之一。要掌握曝光的技巧，就需要先掌握曝光的基本概念、影响曝光的要素、测光原理与测光表、测光模式、曝光检查等多方面的知识。

1.1 认识曝光

001 影调层次与曝光的关系是怎样的?

摄影中的影调，其实就是指画面的明暗层次。这种明暗层次的变化，是由景物之间不同的受光状况、景物自身的明暗变化与色彩变化所带来的。如果说构图是摄影成败的基础，那么影调则是照片是否好看的关键。

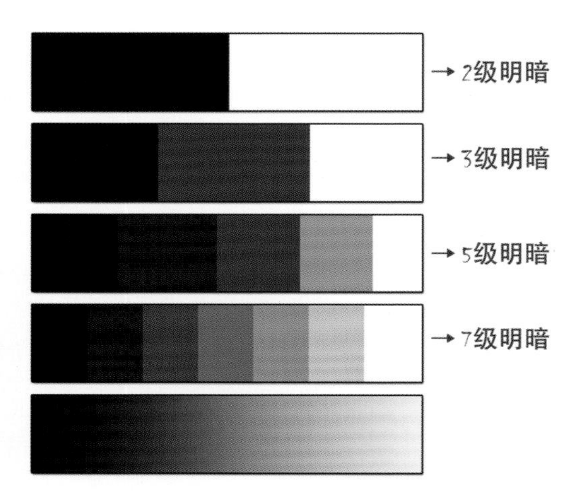

可以看到 2 级明暗只有暗调和亮调，缺乏中间调，明暗过渡的跳跃性很强；3 级明暗虽然有中间调，但中间调比较少，过渡仍然不够“平滑”……一直到中间调非常丰富之后，可以看到明暗的过渡才“平滑”、自然起来。

通常，成功的摄影作品的画面应该从纯黑到纯白有“平滑”的影调过渡，这样照片整体的影调层次才能丰富起来。

002 曝光的过程是怎样的?

让照片显示出丰富、细腻的影调层次，在很大程度上要依赖于对曝光的控制。

从技术角度来看，拍摄照片的过程就是曝光的过程。曝光(Exposure)这个词源于“胶片摄影时代”，是指拍摄环境发出或反射的光线进入相机，底片（胶片）对这些进入的光线进行感应，发生化学反应，利用新产生的化学物质记录所拍摄场景的明暗区别等。到了“数码摄影时代”，感光元件上的感光颗粒在光线的照射下会产生电子，通过电子数量的多寡来记录明暗区别（感光颗粒会有红、绿、蓝3种颜色，记录不同的颜色信息）等。曝光程度的高低以曝光值来标识，曝光值（Exposure Value）的单位是EV。1个EV值对应的就是1倍的曝光值。

摄影领域中非常重要的一个概念就是曝光，无论是照片的整体还是局部，其画面表现力在很大程度上都会受曝光的影响。拍摄某个场景必须经过曝光这一环节，才能看到拍摄后的效果。

如果经过曝光得到的照片画面与实际场景明暗基本一致，则表示曝光相对准确；如果经过曝光得到的照片画面远远亮于所拍摄的实际场景，则表示曝光过度，反之则表示曝光不足。

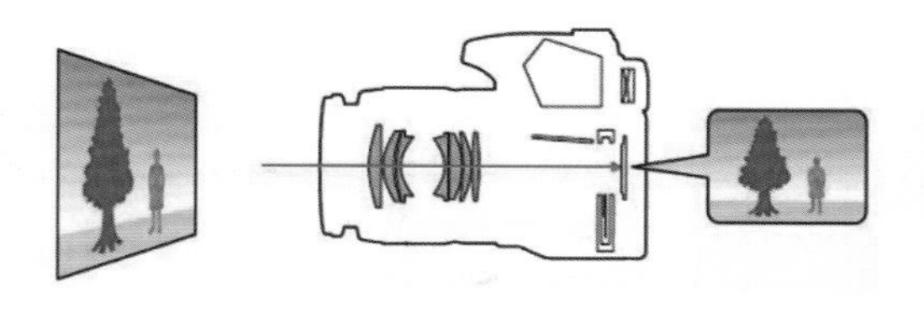

相机将所拍摄的场景转变为照片的过程，其实就是曝光的过程。

我们所看到的照片，都是经过相机曝光得到的。

003 决定曝光的3个要素是什么?

了解曝光过程的原理后，我们可以总结出曝光要受到两个因素的影响：进入相机的光线的多少和感光元件的敏感程度。影响进入相机的光线多少的因素也有两个：镜头通光孔径的大小和镜头通光的时间长短，即光圈大小和快门速度。我们用流程图的形式将之表示出来就是光圈大小与快门速度影响入光量，入光量与ISO感光度影响曝光值。

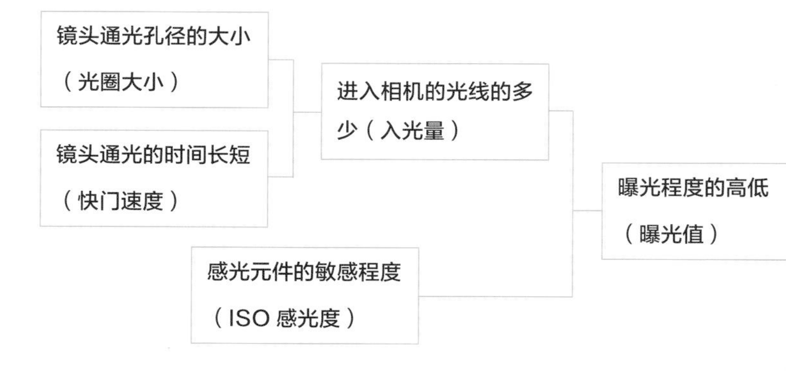

这样总结起来即决定曝光值的3个因素是光圈、快门速度、ISO感光度。针对同一个画面，调整光圈、快门速度和ISO感光度，曝光值会相应发生变化。例如，在手动曝光模式下（其他模式下曝光值是固定的，一个参数增大，另一个参数会自动减小），我们将光圈调整为原来的2倍，曝光值也会变为原来的2倍；但如果调整光圈为原来的2倍的同时将快门速度调整为原来的1/2，则画面的曝光值就不会发生变化。摄影者可以自己进行测试。

只有对光圈、快门速度及 ISO 感光度进行合理设定，才能得到曝光相对准确的照片。

004 光圈与曝光量的关系是怎样的?

曝光的 3 个要素决定了曝光值，设定相机为程序自动或是全自动等模式，只要我们设定一种参数，那么拍摄时的另外两种参数就会由相机自动调整。而为了验证曝光的 3 个要素对曝光值的影响，我们可以将曝光模式设定为手动模式，然后改变光圈、快门速度与感光度，来观察照片的变化状态。

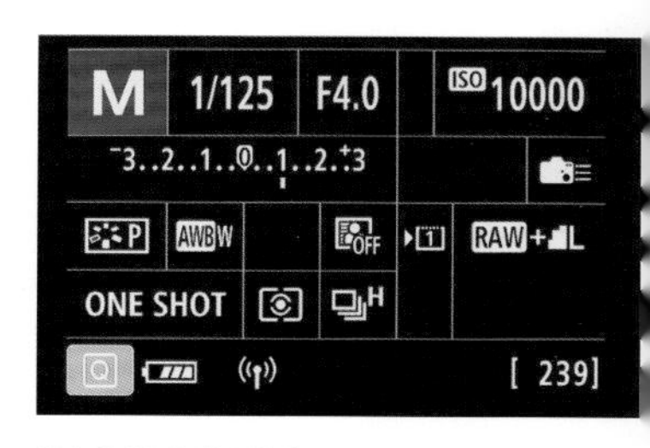

设定为 M 全手动模式

固定快门速度与感光度，先用 f/4.0 的光圈拍摄一张照片。再用 f/2.8（增大了一倍）的光圈拍摄一张照片，可以看到，放大光圈后的照片明显变亮。

用 f/4.0 光圈拍摄的画面

用 f/2.8 光圈拍摄的画面

005 快门速度与曝光量的关系是怎样的?

固定光圈与感光度，先用 1/80s 的快门速度拍摄一张照片，再用 1/40s 的快门速度拍摄一张照片。可以看到，降低快门速度拍摄出的照片明显变亮。

用 1/40s 的快门速度拍摄的画面

用 1/80s 的快门速度拍摄的画面

006 感光度与曝光量的关系是怎样的?

固定快门速度与光圈，先用 ISO 1600 的感光度拍摄一张照片，再用 ISO 6400 的感光度拍摄一张照片。可以看到，增大感光度拍摄出的照片明显变亮。

用 ISO 1600 的感光度拍摄的画面

用 ISO 6400 的感光度拍摄的画面

1.2 曝光与测光

007 曝光与测光的关系是怎样的？

通常来说，曝光值偏高的照片，影调会整体偏亮，显现出明媚、干净的基调；曝光值偏低的照片画面则会呈现出晦暗、压抑的基调。曝光值相对准确，但反差较小的照片，影调层次模糊，让人感觉画面柔和；反差较大的照片，则更容易给人一种干脆利落、情感分明的心理暗示，有时候还可以让人感受到一种力量感。

曝光值的高低，取决于测光技术的运用，照片反差程度的控制，从技术角度来看，则要取决于不同测光模式的选择。

对明亮的花朵测光，会确保这部分明暗准确，但相机会认为场景都如花朵般明亮，于是会降低曝光值，这就导致原本亮度较低的背景更暗。

改变测光模式，对画面的各个部分进行均匀的曝光，可让画面各部分的曝光都相对准确。

008 如何理解18%中性灰与测光的关系?

相机内置测光系统和测光表的测量依据是“以反射率为 18% 的物体为基准进行测量”。

反射率指的是光线照射到物体上后一部分光线被反射回来，被反射回来的光线亮度与入射光线亮度的比值就称为反射率。物体的反射率高，是指物体对光线吸收少、亮度高，如白雪的反射率约为 98%；物体的反射率低则是指物体对光线的吸收多、亮度低，如碳的反射率约为 2%。

18% 是我们平日通常能见到的物体的反射率的平均值，有专门生产的 18% 反射率的灰卡作为拍摄时的测光依据。

具体使用时，将 18% 反射率的灰卡放入环境，使其受光条件与环境受光条件保持一致，拍摄时直接对灰卡测光，就能得到可使整个环境曝光相对准确的曝光值。

画面中不同区域物体的大致反射率。

009 点测光的原理与用法是怎样的？

点测光模式是一种非常准确的测光模式，是指对拍摄画面中心极小甚至为点的区域进行测光，测光区域面积约占画面幅面的1%～3%（该数据根据相机机型的不同而有所差别，具体应参看相应机型的使用说明书），在这一区域内的测光值和曝光值是非常准确的。采用点测光模式测光时，如果测画面中的亮点，则大部分区域会曝光不足；而如果测暗点，则会出现较多位置曝光过度的情况。因此，使用点测光模式测光时，测光点的选择一定要准确。当然，一条比较简单的原则就是对画面中要表达的重点或是主体进行测光，例如在光线均匀的室内拍摄人物，许多摄影师就会使用点测光模式对人物的重点部位（如眼睛、面部）或具有特点的部位（如衣服、肢体）进行测光，以达到使之成为欣赏者观察的视觉中心并突出主题的效果。点测光模式在新闻、人像、微距以及风景等题材的拍摄中都有很好的使用效果。

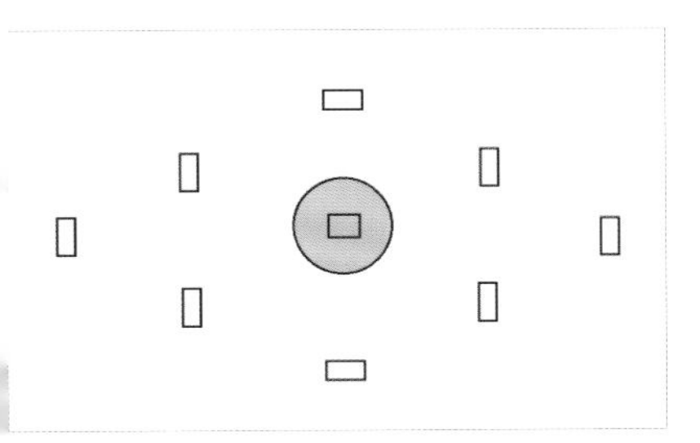

尼康相机点测光界面示意图。佳能与尼康相机中，这种测光模式均称为点测光。

使用点测光模式对人物面部进行测光，使这部分曝光正常，并压低背景亮度。

TIPS
点测光是一种比较高级的测光模式，对初学者来说可能比较难，其适用于有一定基础的摄影者或是“资深”单反用户。

010 中央重点平均测光的原理与用法是怎样的?

中央重点平均测光是一种传统的测光模式， 在早期的旁轴取景胶片相机上就有应用。使用这种模式测光时，相机会把测光重点放在画面中央，并兼顾画面的边缘。准确地说，即负责测光的感光元件会将相机的整体测光数据有机地分开，中央部分的测光数据占据绝大部分的比例，而画面中央以外的测光数据作为小部分比例起到辅助测光的作用。

中央重点平均测光模式示意图

中央重点平均测光的适用范围：一些传统的摄影师更偏好使用这种测光模式，通常在街头抓拍等纪实拍摄时使用，有助于他们根据画面中心主体的亮度决定曝光值。它更注重于摄影师自身的拍摄经验，尤其是对黑白影像效果进行曝光补偿，以得到摄影师心中理想的曝光效果。

利用中央重点平均测光对花卉中央部分平均测光，使得这部分曝光比较准确，并适当兼顾其他部分，确保画面会有一定的环境感。

011 局部测光的原理与用法是怎样的?

局部测光是指专门针对测光点附近较小的区域进行测光。这种测光模式类似于扩大化的点测光，可以保证人脸等重点部位得到合适的亮度表现。需要注意的是局部测光的重点区域在中心对焦点上，因此拍摄时一定要将主体放在中心对焦点上对焦拍摄，以避免测光失误。

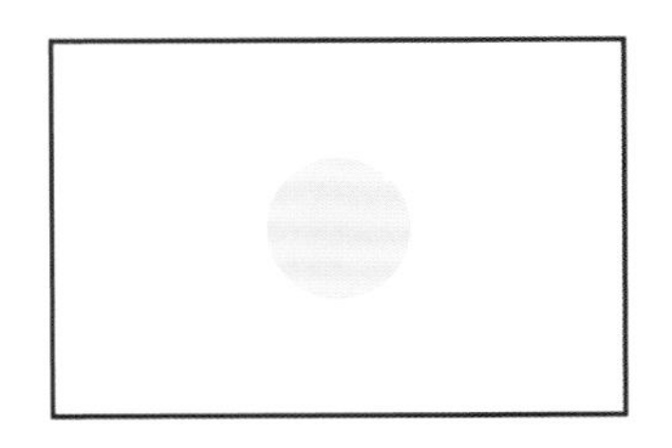

局部测光示意图

类似本画面的这种拍摄，重点是人物面部的表现力，首先用中心对焦点完成对焦和测光，然后锁定对焦和测光，重新构图，完成拍摄。

012 评价测光的原理与用法是怎样的?

评价测光是对整个画面进行测光，相机会将取景画面分割为若干个测光区域，把画面内所有的反射光都混合起来进行计算，每个区域经过各自独立的测光后，所得的曝光值在相机内被平均处理，得出平均值，这样即可达到使整个画面正确曝光的目的。可见评价测光是对画面整体的一种测量，对各种环境具有很强的适应性，因此用这种模式在大部分环境中都能够得到曝光比较准确的照片。

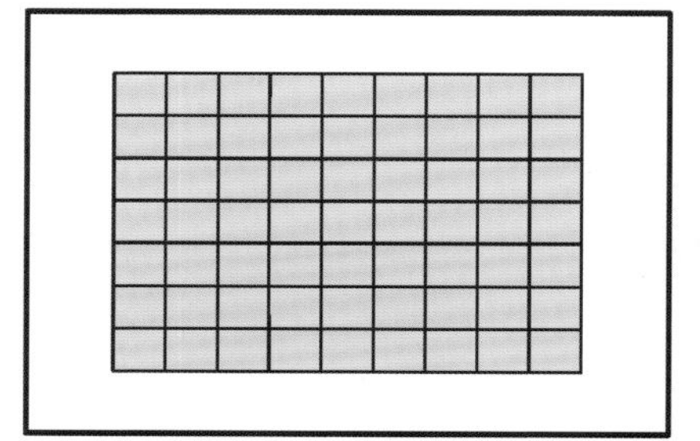

评价测光模式示意图

评价测光适用范围：这种模式对于大多数的主体和场景都是适用的，评价测光是现在大众较常使用的测光模式。在实际拍摄中，评价测光所得的曝光值使得整体画面色彩被真实、准确地还原，因此广泛运用于风光、人像、静物等摄影题材的拍摄中。

在一般的风光题材的拍摄中，评价测光被使用得相当频繁。本画面使用评价测光拍摄，使各部分的曝光都相对比较准确、均匀。

013 测光与曝光补偿的关系是怎样的?

曝光补偿是指拍摄时摄影者在相机给出的曝光值的基础上，人为增加或降低一定量的曝光值。几乎所有相机的曝光补偿范围都是一样的，可以在 -3~+3EV 内增加或减少曝光值，但曝光值的变化并不是连续的，而是以 1/2EV 或者 1/3EV 为间隔跳跃式地变化。早期的老式数码相机通常以 1/2EV 为间隔，于是有 -2.0、-1.5、-1、-0.5 和 +0.5、+1、+1.5、+2 共 8 个挡，而目前主流的数码相机分挡要更细致一些，是以约 1/3EV 为间隔的，于是有 -2.0、-1.7、-1.3、-1.0、-0.7、-0.3 和 +0.3、+0.7、+1.0、+1.3、+1.7、+2.0 等级别的曝光补偿值。

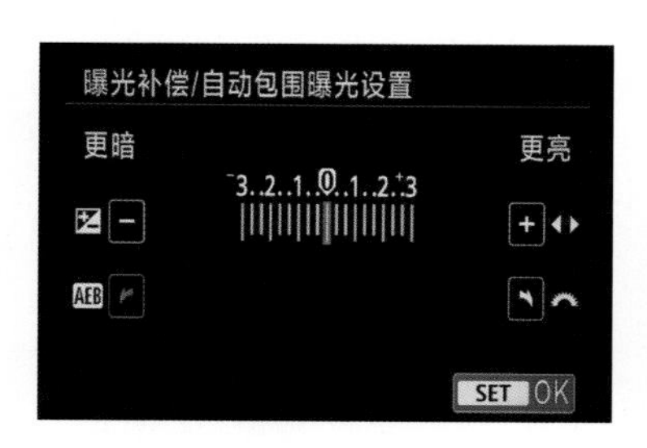

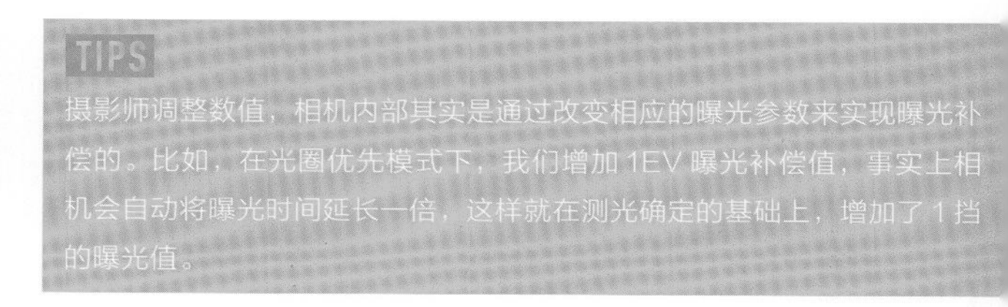
目前的数码相机已经出现了 -5~+5EV 甚至更大的曝光补偿范围。

TIPS

摄影师调整数值，相机内部其实是通过改变相应的曝光参数来实现曝光补偿的。比如，在光圈优先模式下，我们增加 1EV 曝光补偿值，事实上相机会自动将曝光时间延长一倍，这样就在测光确定的基础上，增加了 1 挡的曝光值。

标准曝光值，无补偿

曝光补偿值 −1EV

曝光补偿值 +1EV

014 锁定曝光是什么意思?

我们经常会听到或是自己也采用这种拍法:半按快门按钮完成对焦和测光,然后保持快门按钮的半按状态,移动视角重新取景构图,确定取景范围后,完全按下快门按钮拍摄。这个过程的关键在于半按快门按钮锁定了什么。比如佳能机型,如果是默认设定状态,那么持续半按快门按钮,肯定是锁定了对焦的,但曝光却不一定是锁定的。

保持快门按钮的半按状态:在评价测光模式下,是锁定了曝光的;在局部测光、点测光、中央重点平均测光模式下,是无法锁定曝光的。

类似于本画面的拍摄场景,设定评价测光模式,在确定取景范围后,直接半按快门按钮对焦并测光,然后完全按下快门按钮拍摄即可拍摄到曝光相对准确的画面。

类似于本画面的拍摄场景，设定评价测光模式，半按快门按钮对焦并测光后，如果保持半按快门按钮的状态，移动视角重新确定取景范围时，应该是轻微地左右移动。如果上下移动视角来重新确定取景范围，曝光就不准确了。至于为什么，你要仔细考虑一下：上下移动视角时，前一刻确定的曝光值，肯定不适合移动视角之后的取景画面，因为天空所占的比例不同，画面的明暗状况会发生变化。

015 锁定曝光的使用方法是怎样的?

要锁定曝光，较稳妥的方法是测光之后，按相机上的曝光锁定按钮，对佳能相机来说即按相机顶部的“*”按钮。佳能绝大多数单反机型均是采用这种方法来锁定曝光的（当然，如果在自定义菜单内进行了某些按钮的自定义设定，那就另当别论了）。

取景完成并对焦和测光后，按机身上的曝光锁定按钮，此时在取景器中可以看到曝光锁定的标志“*”。

使用中央重点平均测光模式对植物部分进行测光，让其曝光相对准确，同时兼顾周边环境的曝光，使画面的环境感更强。

1.3
曝光模式（拍摄模式）

016 光圈优先模式的原理与用法是怎样的?

光圈优先模式是一个图像曝光由手动和自动相结合的“半自动”模式，这一模式下光圈由拍摄者设定（光圈优先），相机根据拍摄者选定的光圈结合拍摄环境的光线情况设置与光圈配合能达到正常曝光的快门速度。

这一模式体现的是光圈的功能优势，光圈的基本功能是和快门速度相配合进行曝光，还有一个重要功能就是控制景深。选择了光圈优先模式，也可以说是选择了“景深优先”模式，需要准确控制景深效果的摄影者往往会选择光圈优先模式。

用原光圈拍摄的画面

继续开大光圈拍摄，虚化效果更强

017 快门优先模式的原理与用法是怎样的?

快门优先模式也是一个图像曝光由手动和自动相结合的“半自动”模式，与光圈优先模式相对应，这一模式下快门速度由拍摄者设定（快门优先），相机根据拍摄者选定的快门速度结合拍摄环境的光线情况设置与快门速度配合能达到正常曝光的光圈。用不同的快门速度拍摄运动的物体会获得不同的效果，“高速快门”可以使运动的物体“呈现凝结效果”，“慢速快门”可以使运动的物体“呈现不同程度的虚化效果”。手持拍摄时快门速度的选择也是保证成像清晰或运动物体清楚关键因素。

一般快门速度

继续降低快门速度，溪流变得模糊

018 P模式的原理与用法是怎样的？

程序自动模式简称P模式，此模式是指将若干组曝光程序（光圈、快门速度的不同组合）预设于相机内，相机根据被摄景物的光线情况自动选择相应的组合进行曝光。通常在这个模式下还有一个“柔性程序”，也称程序偏移，即在相机给定与曝光相应的光圈和快门速度时，在曝光值不改变的情况下，拍摄者还可选择其他的光圈、快门速度组合，可以侧重选择高速快门或大光圈。

P模式的自动功能仅限于光圈、快门速度的调节，而有关相机功能的其他设置都可由拍摄者自己决定，如感光度、白平衡、测光模式等。它是一个自动与手动相结合的模式：曝光自动化，其他功能手动操作。既便利又能给予拍摄者一定的自由发挥空间，初学者可从此模式入手了解相机的曝光原理和设定功能。

P模式的光圈和快门速度是由相机根据机内预设的程序来自动决定的，其算法遵循相应的拍摄规律。相机厂商结合大量优秀摄影作品和专业摄影师的拍摄经验，综合汇总后分析其内在的规律，并以此为依据设计出程序曲线，以控制相机光圈与快门速度的曝光组合。

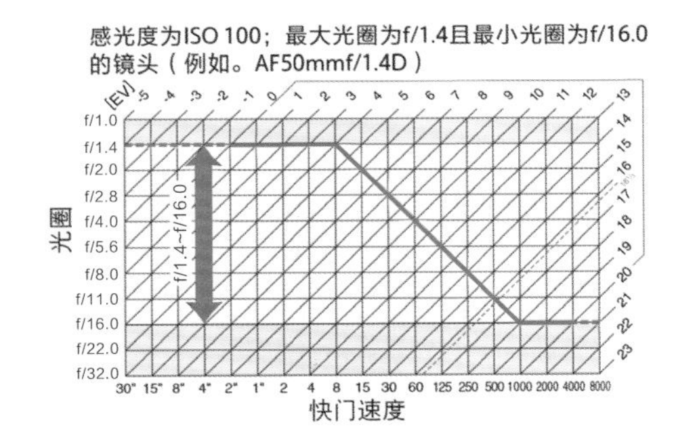

图中底部的横轴为快门速度，左侧的纵轴为光圈。图的顶部与右侧的数字为EV值。该图显示的是感光度设定为ISO 100时的曝光组合。

例如，使用50mm f/1.4的镜头拍摄时，如亮度为12EV，从12EV处（上边线处）作斜线，得到与自动曝光程序线（红色线）的交点，再引水平和竖直线条，即得到相应的快门速度（1/125s）和光圈（f/5.6）。

P模式适合拍摄旅行中的一些留影，以及光线复杂、曝光控制难度较大的场景等。

019 手动模式的原理与用法是怎样的?

在手动模式即 M 模式下，除自动对焦外，光圈、快门速度、感光度等与曝光相关的所有设定都必须由拍摄者事先完成。对于拍摄诸如落日一类的明暗高反差的场景以及要体现个人思维意识的创作性题材的照片时，建议使用 M 模式，这样我们可以依照自己要表达的立意，任意改变光圈和快门速度，创造出不同风格的影像。在 M 模式下曝光正确与否是需要自己来判断的，但在使用时必须半按快门按钮，这样就可以在机顶液晶屏上或取景器内看到内置测光表所提示的曝光数值。

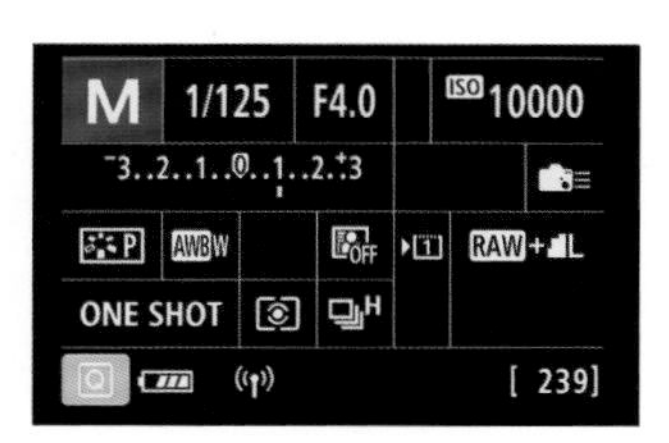

测光后，内置测光表下的滑块会指示当前的曝光设定是否有问题：当前显示的曝光值偏高了 1EV。但实际上这只是一个参考。

室内拍摄静物，可以固定好拍摄参数，那么在同样的光线下就不必再考虑测光问题，后续所有照片都会曝光相对准确。

这种特殊的环境中，在 M 模式下拍摄，更容易得到符合预期的照片效果。

020 全自动模式的原理与用法是怎样的?

AUTO 模式即全自动模式。设定为此模式后，相机会变得类似于之前人们使用的“傻瓜相机”，用户只要将相机对准拍摄对象，稳定住相机，按下快门按钮，即可以拍摄到准确、清晰的照片。

使用全自动模式时，除非是在极端环境下，否则相机一般不会犯错，总能够拍摄出曝光相对准确的照片。

利用全自动模式拍摄，总能拍摄到曝光相对准确的画面。

TIPS

使用全自动模式时有一种情况比较特殊，例如在室内或是夜晚光线较暗的情景下拍摄照片时，相机一般不会根据光圈的条件而设定很长的曝光时间，而是直接自动打开内置闪光灯对所拍摄场景进行补光。没有内置闪光灯的相机则不存在这个问题。

021 B门模式长时间曝光是怎样的?

B门模式专门用于长时间曝光——按下快门按钮，快门开启；松开快门按钮，快门关闭。这意味着曝光时间长短完全由摄影师来控制。在使用B门模式拍摄时，最好使用快门线来控制快门的开启和关闭，这样不但可以避免与相机直接接触造成照片模糊，而且可以增加拍摄的方便性，曝光时间可以长达几个小时（长时间曝光前，要确认相机电池的电量充足）。

B门模式的特点：由拍摄者自行设定光圈，并操控快门的开启和关闭；由摄影师根据场景和题材控制曝光时间。

M模式的最长曝光时间是30s，而对B门来说，曝光时间可以多达数小时。所以同样是拍摄星空，使用M模式往往只能拍摄到繁星点点，而使用B门模式可以拍摄出“斗转星移”的线条感来。

夜晚拍摄星空，如果要得到较细腻的星空画质，那么可以使用赤道仪追踪天空拍摄，进行长达数分钟的曝光。如此长的曝光时间，就需要在B门模式下进行。当然，这张照片是先追踪天空曝光，然后单独拍摄地景，最后进行合成得到的效果。因为使用赤道仪追踪天空拍摄时，地景会是模糊的，所以需要单独在同视角下不使用赤道仪拍摄一张地景照片。

赤道仪

022 场景自动模式的原理与用法是怎样的?

1. 人像模式

以人物为主体的作品拍摄，为了突出被摄主体，往往会采用大光圈的方式来获得浅的景深，使背景模糊、突出人物。另外人像模式中的人物曝光设定也对相机测光得到的曝光结果进行了智能化的补偿调整，使人物的肤色看起来更加白皙、自然。当拍摄光线不足时，相机会自动打开闪光灯对人物补光，使人物获得充足的照明。

2. 风景模式

拍摄户外风景时，我们总是希望能通过相机将看到的景物都清晰地呈现出来，风景模式正是根据这样的需要而产生的。在风景模式下，相机会相应地设置小光圈以获得深景深，使景物的前后都清晰。

在风景模式下，当光线不足时，机顶的闪光灯不会自动打开。机顶的闪光灯功率较小，通常的照射距离只有 3~4m，无法为远距离的景物补光。当光线不足时，风景模式下快门速度会变低，这时应当使用三脚架以保证图像清晰。

3.SCEN 模式

实拍中我们会面对美食、沙滩、日出日落、人像、风光等非常多的场景，而相机又不可能在模式拨盘上标记如此多的场景模式。

所以很多厂商将美食、沙滩、日出日落、人像、风光等场景模式集成到了 SCEN（不同品牌相机的叫法可能会有差别）模式，选择该模式后，在相机液晶屏上就可以选择不同的具体场景模式了。

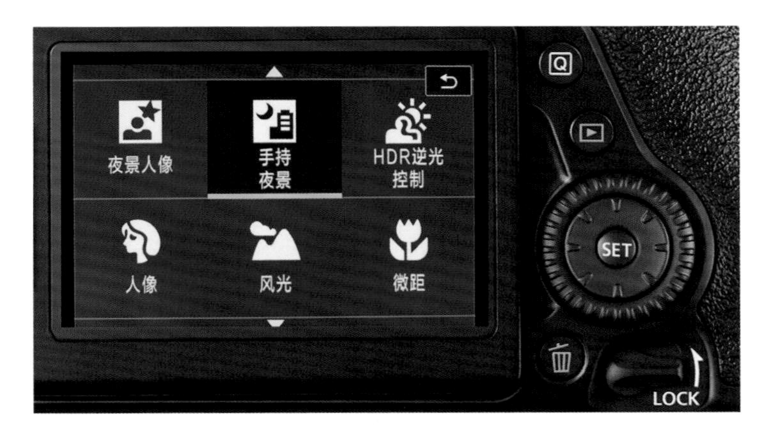

进入 SCEN 模式后，就可以再次选择具体的不同场景模式了。

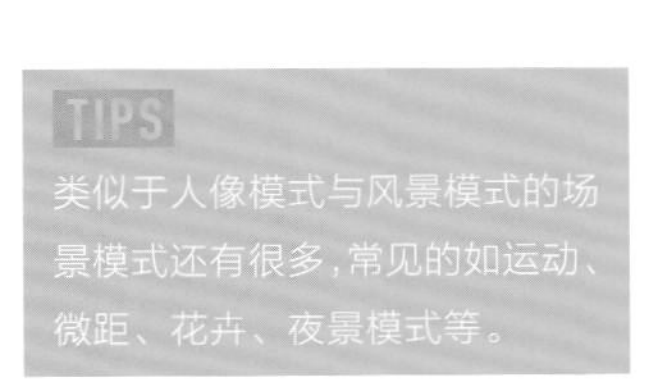

风景模式下拍摄的画面。

023 手动编辑模式的原理与用法是怎样的?

所谓手动编辑模式是一种比较通俗的叫法，在某些相机的拨盘上，会有 C1、C2 等一些特殊标记。切换到这些标记对应的模式后，我们可以发现一般默认情况下是一种程序自动模式。实际上，这是一些自定义模式，可以由摄影师自行设定参数。具体来说，比如我们经常拍摄雪景，而拍摄雪景往往又需要稍高的曝光值、较深的景深、较低的感光度，那么我们可以在光圈优先模式下设定一种光圈为 f/11.0、感光度为 ISO 100、曝光补偿值增加 0.7EV 的参数组合，然后在菜单中将这种组合设定为 C1 自定义模式，那么以后我们再拍摄雪景时，就不必再调参数了，直接转到 C1 自定义模式就可以调用之前设定的参数。

白天拍摄溪流时，往往需要设定特别小的光圈、较低的感光度，用以降低快门速度，那么我们可以将某次的设定保存下来，保存为 C1、C2 或 C3 等自定义模式。再次拍摄时，直接调用就可以了。

1.4 高级曝光技巧

024 什么是向右曝光?

摄影技术在长达 200 年的发展历程当中，产生了众多大家能够欣然接受的理论。其中比较著名的有向右曝光等。所谓向右曝光，是指在确保高光部分不会过曝的前提下，尽量提高曝光值。这样做的好处非常明显，可以确保弱光部位曝光充足，并可以抑制暗部提亮后产生大量噪点，从而提高照片画质。

适当向右曝光，让地面较黑的部分得到充足的曝光，从而避免暗部因为后期大幅度提亮而带来较多的噪点。

025 佳能为何要向右曝光?

在实际的应用当中，特别是随着后期技术越来越发达，向右曝光并不适应于各种品牌的相机。一般认为，佳能相机的高光表现力通常更胜一筹，但弱光表现力不够理想。从这个角度来说，如果你是佳能用户，那么可以考虑使用向右曝光适当提高曝光值，让暗部呈现更多细节。

用佳能相机拍摄的夜景风光，即便稍稍提高了曝光值拍摄（向右曝光），最后灯光区域依然能够“追回”很理想的层次和色彩细节。

026 尼康与索尼为何要向左曝光？

一般认为，佳能、索尼与尼康三大品牌当中，索尼与尼康相机的暗部表现力更好一些，但高光表现力有所欠缺，为了避免标准曝光下高光区域溢出，往往需要向左曝光（适当降低曝光补偿值），暗部则可以后期提亮，从而可以得到画面整体都比较理想的效果。

用尼康相机拍摄的星空画面，暗部可以在后期提亮，呈现出足够的细节，并且画质不会太受影响。

027 “白加黑减”的秘密是怎样的?

信息技术发展到今天，电脑在很多方面的功能已经超过了人脑，其精确、快速的处理能力无与伦比，但从本质上来说，其却显得很“笨”，相机的测光即如此。我们已经介绍过相机以反射率为 18% 的物体为基准测光，18% 也是一般环境的反射率。在遇到高亮环境，如雪地等反射率超过 90% 的环境时，相机会认为所测的环境亮度过高，会自动降低一定的曝光补偿值，这样就会造成所拍摄的画面亮度降低而“泛灰”；反之遇到较暗的环境，如黑夜等反射率不足 10% 的环境时，相机会认为环境亮度过低而自动提高一定的曝光补偿值，也会使拍摄的画面泛灰。

由此可见，摄影者就需要对这两种情况进行纠正，实际来看“白加黑减”就是纠正相机测光时犯下的“错误”，也就是说，在拍摄亮度较高的场景时，应该适当增加一定的曝光补偿值；而在拍摄亮度较低甚至黑色的场景时，则要适当降低一定的曝光补偿值。

拍摄雪景时，如果不进行设定，那么照片会因压暗反射率而泛灰、偏暗。所以我们必须手动增加曝光补偿值以还原雪景的亮度。

根据“黑减”的原则，降低曝光补偿值，让画面足够暗。

028 宽容度与动态范围的区别是什么?

相机的宽容度是指底片（胶片或感光元件）对光线明暗反差的“宽容”程度。当相机既能让光线明亮的部分曝光准确，又能让光线暗的部分也曝光准确，我们就说这个相机对光线的宽容度高。

明暗反差非常大的场景，若照顾到了暗部，让暗部显示出清晰的细节，可能就无法同时让亮部曝光准确，显示出足够的细节；反之亦然。例如，曝光过度的照片，原本场景的暗部足够明亮，但亮部却变为一片“死白”，如果相机的宽容度足够高，就既能“包容”较暗的光线，也能“包容”较亮的光线，让暗部和亮部都能显示出足够的细节。

动态范围则是指相机对于从最亮部分到最暗部分这个范围的细节的呈现能力。

比如，逆光拍摄太阳，如果相机能够对太阳周边较亮的部分还原出足够多的细节，也能对地面背光的部分还原出足够多的细节，那么可以认为相机的宽容度是足够高的（当然，这一般是不可能的）。而相机对于太阳周边与背光阴影这个亮度范围内的景物的细节再现能力，就是动态范围的体现，如果出现了大量的影调与色彩断层，就表示动态范围不足，画质不够平滑、细腻。

029 HDR曝光拍摄的原理是怎样的?

高动态范围（High Dynamic Range，HDR）拍摄模式是指通过数码技术处理补偿明暗差，拍摄具有高动态范围的照片的表现方法。相机可以将曝光不足、标准曝光和曝光过度的 3 张照片在相机内合成，拍出没有高光溢出和暗部缺失的照片。选择 HDR 拍摄模式可以将动态范围设为自动、±1EV、±2EV 或 ±3EV 等。

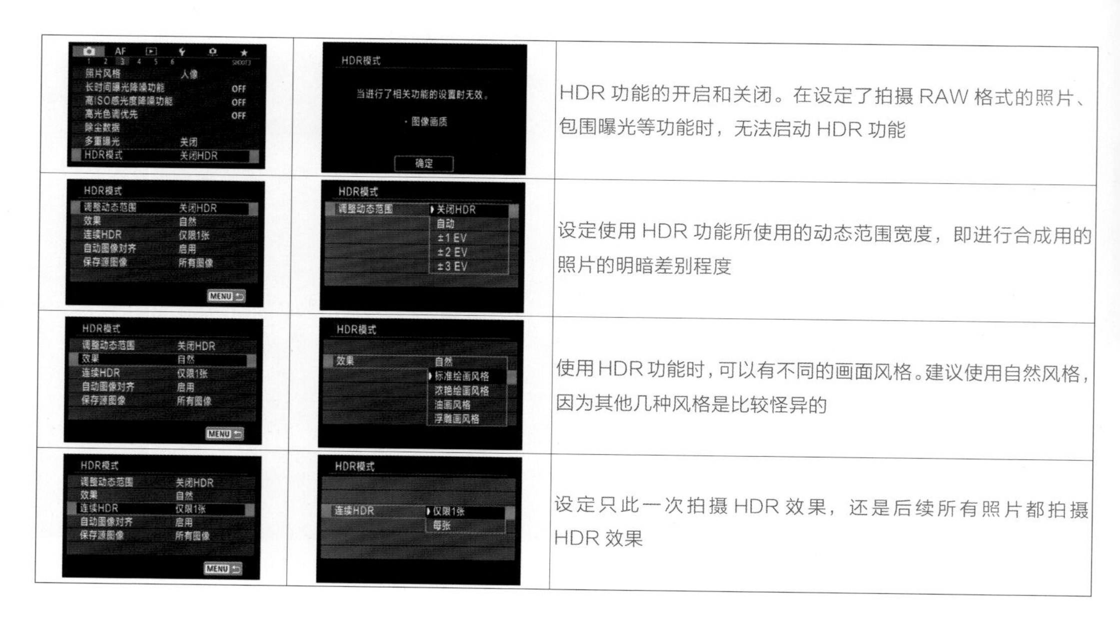

HDR 功能的开启和关闭。在设定了拍摄 RAW 格式的照片、包围曝光等功能时，无法启动 HDR 功能

设定使用 HDR 功能所使用的动态范围宽度，即进行合成用的照片的明暗差别程度

使用 HDR 功能时，可以有不同的画面风格。建议使用自然风格，因为其他几种风格是比较怪异的

设定只此一次拍摄 HDR 效果，还是后续所有照片都拍摄 HDR 效果

标准曝光的照片

曝光不足的照片

曝光过度的照片

拍摄静态场景时，如果现场光线很强，明暗反差很大，则可以使用HDR功能拍摄，这样相机会在内部拍摄一张曝光不足、一张标准曝光和一张曝光过度的照片，然后进行合成并输出，从而获得明暗细节都比较完整的高动态照片。

030 自动亮度优化的原理是什么?

相机的宽容度，一般来说要弱于人眼的宽容度，所以在拍摄明暗高反差的场景时会有一些困难，一般无法同时让暗部和亮部都呈现出足够多的细节。但事实上，通过一些特定的技术手段，我们也可以让拍摄的照片曝光比较理想。

自动亮度优化

佳能数码单反相机的自动亮度优化功能专为拍摄光比较大、明暗反差强烈的场景所设，目的是让画面中完全暗掉的阴影部分都能保有细节和层次。自动亮度优化功能在与评价测光结合使用时，效果尤为显著（尼康相机对应的功能为动态 D-Lighting）。

光线非常强烈，明暗对比也非常强烈时，设定自动亮度优化功能，可以尽可能地让背光的阴影部分呈现出更多细节。

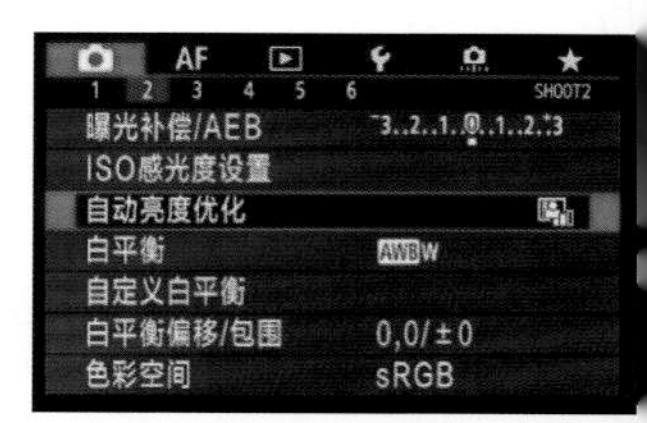

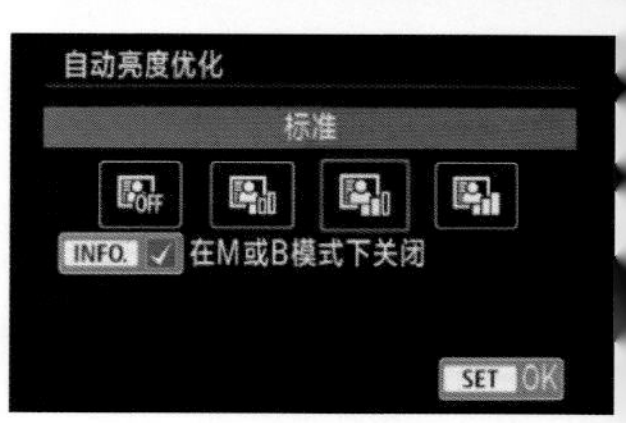

设定自动亮度优化功能

光线非常强烈，明暗对比也非常强烈时，设定自动亮度优化功能，可以尽可能地让背光的阴影部分呈现出更多细节。

TIPS

要注意，在拍摄明暗反差大的场景时设定自动亮度优化功能可以显示更多的影调层次，不至于让暗部曝光不足。但在拍摄一般的亮度均匀的场景时，要及时关闭该功能，否则拍摄出的照片将是灰蒙蒙的。

031 高光色调优先的原理是什么？

高光色调优先是指相机测光时，将以高光部分为优化基准，用于防止高光溢出，设定高光色调优先功能后相机的感光度会限定在 ISO 200 以上。高光色调优先功能对于一些画面以白色为主导的题材的拍摄很有用，例如拍摄白色的婚纱、白色的物体、天空的云层等。

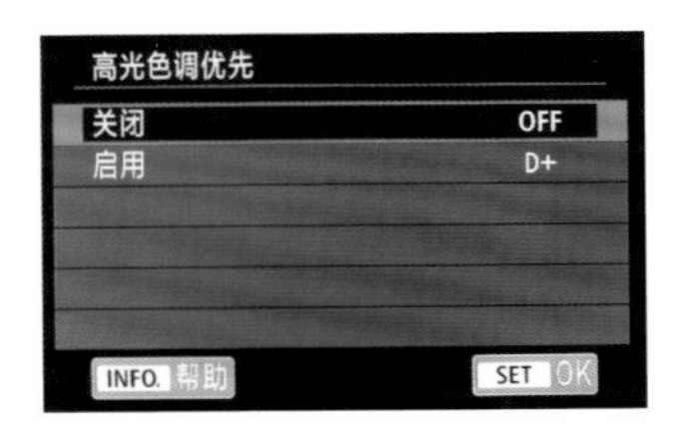

高光色调优先功能的设定方法

画面中天空的亮度非常高，如果要让这部分曝光相对准确且尽量保留更多的细节，场景中的其他区域势必就会曝光不足变得非常暗，这时设定高光色调优先功能，即可解决这一问题。

032 多重曝光的加法模式是怎样的?

其实多重曝光并不复杂，有胶片摄影基础的用户更会觉得简单，佳能之前的机型中都没有内置这种功能，从 5D Mark Ⅲ机型开始，之后佳能的中高档机型中，均搭载了多重曝光功能，多重曝光次数为 2~9 次，有多种图像重合模式可选，如加法、平均模式等，其中有些机型对该功能进行了一定程度的简化，但操作也非常简单（尼康相机的功能设定也相似）。

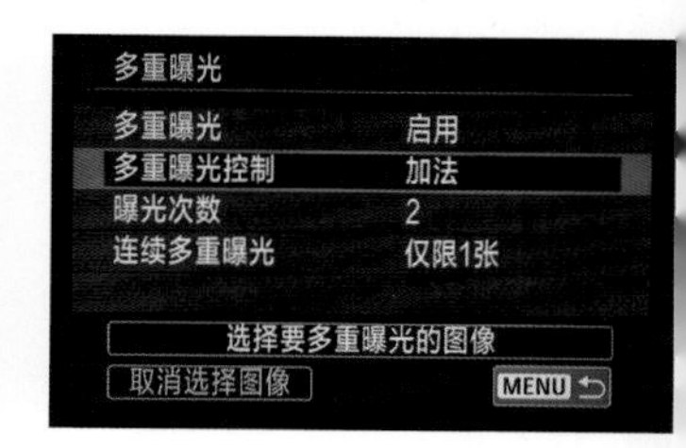

对佳能相机设定多重曝光功能

加法模式是指像胶片相机一样，简单地将多幅图像重合，由于不进行曝光控制，合成后的图像往往比合成前的图像明亮。

033 多重曝光的柔焦效果是怎样的?

进行多重曝光时，还可通过如改变焦点位置等方式得到柔焦效果。也可对拍摄出的图像进行多重曝光。此外，可利用实时显示拍摄确认图像的重合效果，然后进行拍摄。

改变对焦位置进行多重曝光，得到柔焦效果。

034 多重曝光的平均模式是怎样的?

平均模式是指在进行图像合成时控制亮度，针对通过多重曝光拍摄的图像自动进行负曝光补偿，将合成的图像调整为合适的曝光。

对背景与人物进行多重曝光，得到全新的合成效果。

035 多重曝光的黑暗模式是怎样的?

黑暗模式是将基础的图像与合成在其上的图像比较后，只合成较暗部分，适合在想要强调被摄主体轮廓的图像合成时使用。

多重曝光拍摄时能够选择边确认重叠图像边拍摄的仅限 1 张模式和连续模式 2 种。无论哪种模式都能够选择加法模式、平均模式等合成模式。在体育摄影时用连续多重曝光模式中的连续模式捕捉快速运动的被摄主体，运动的被摄主体的轨迹被连续拍下，能够拍出充满动感的照片。因为多重曝光次数最多为 9 次，不会像普通连拍一样拍出多张照片，而是仅在一张照片中拍出连续运动的被摄主体，容易表现细微动作的变化。此功能主要适用于体育竞技摄影，在想要确认被摄主体细微动作的学术、商业拍摄中也很常用。

借助黑暗模式这种多重曝光模式，叠加出较暗的人物部分。

036 曝光与直方图的关系是怎样的？

直方图也称为色阶分布图，是显示图像的色调分布的柱状图。色阶指亮度，最亮为纯白，最暗为纯黑。直方图的横坐标对应的是像素亮度（标准尺度范围为 0~255），最左边为暗部（纯黑），最右边为亮部（纯白），中间为相对应的灰色区域。纵坐标表示图像中每种亮度的像素数目，图越高，表示具有该特定亮度的像素越多。直方图也是判断影像曝光的有效参考，图像的亮暗部层次可通过直方图判断得更加仔细。

对于喜欢黑白摄影、追求图像的细腻层次的摄影者，直方图是检查图像曝光层次的较佳参考。曝光不正常时亮暗部的层次信息会清晰地反映在直方图上。

需要注意的是，直方图的样式千差万别，但是对我们而言，亮暗部的形状至关重要，通常情况下，图的左右（暗亮）部分的像素没有触及两侧边线并升起一定高度，说明这是一幅从亮到暗（从白到黑）影调全面的图像，也是一幅曝光正常的图像。

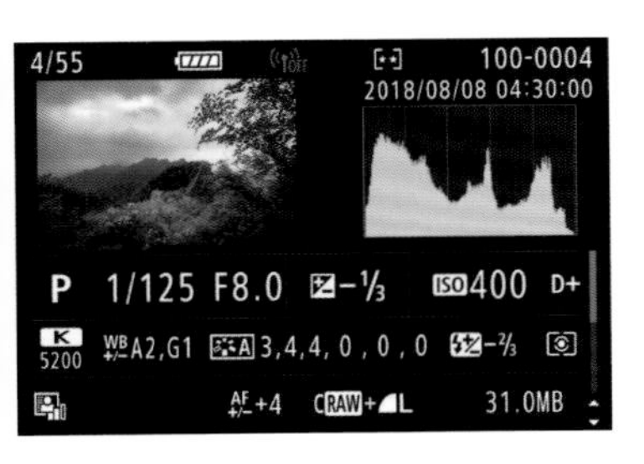

拍摄照片后，回看照片，如果以详细信息显示，就可以看到直方图。

在后期软件当中，打开照片后也可以看到直方图，这与回看时看到的直方图波形基本一致。

037 直方图有哪5种常见形态？

不同曝光情况的照片的直方图都不一样，是有一定的规律可循的，特别是对于曝光不正常的照片。在查看照片时，通过直方图能更加准确地反映曝光情况。

我们通过下面几个例子来看一看不同曝光情况下的直方图形状。

1. 曝光正常，无色调溢出现象

曝光正常的照片的直方图中的像素已分布到亮部和暗部，但并没有超出，直方图中没有出现空白现象，这说明景物的亮暗反差与相机曝光记录的影调范围相吻合，景物的亮暗细节都被记录下来，是一幅色调均匀、层次清晰的作品。从上图的直方图可以看出左右（暗亮）部分没有超出的像素，这张照片整体层次清晰。

2. 曝光不足，暗部产生色调溢出现象

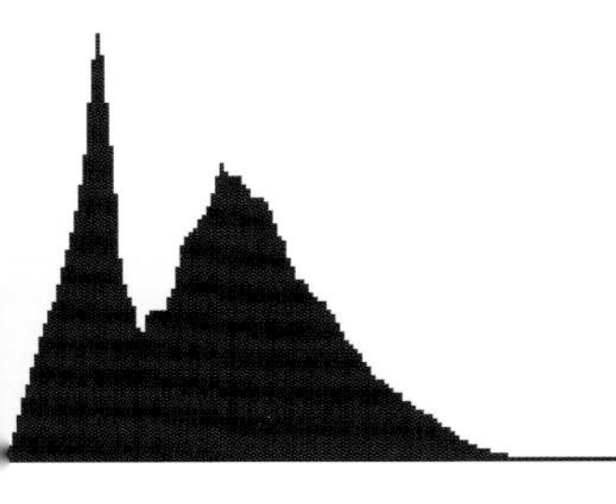

如图，大面积的黑色产生沉闷、压抑的效果，这是曝光不足的直观现象。从直方图可以看出照片暗部产生了色调溢出现象，暗部像素已超出色阶分布最暗区域，亮部几乎没有像素且已延伸至灰色区域，由于曝光不足画面整体色调较低，暗部层次已经看不清楚。

3. 曝光过度，亮部产生色调溢出现象

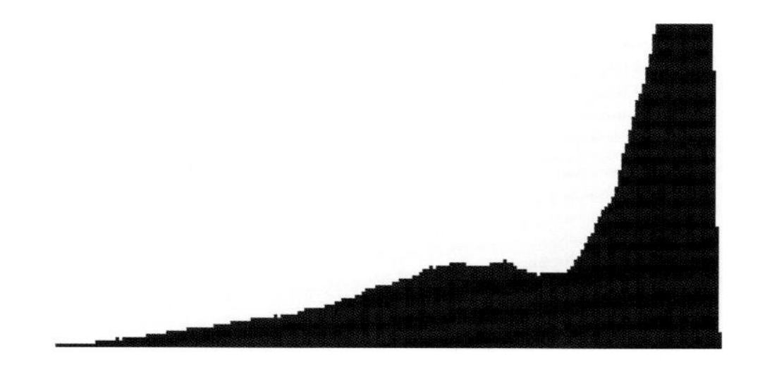

这张照片的直方图亮部（最右边）有色调溢出现象，暗部延伸到了直方图中部，照片亮部呈现没有层次的白色、灰部又较亮，暗部呈现较亮的颜色。从直方图可以看出照片亮部像素产生了色调溢出现象，已超出色阶分布最亮区域，图中最暗部几乎没有任何像素。

4. 曝光过度和曝光不足的照片，亮暗部都产生色调溢出现象

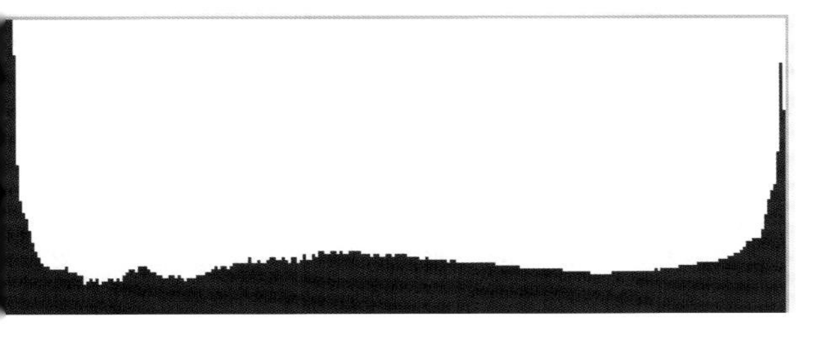

曝光过度和曝光不足的照片的暗部和亮部像素都已超出色阶分布最暗和最亮的区域，从直方图可以看出这两个区域都出现了色调溢出现象，也说明了此时相机的动态范围已经无法正确记录具有如此亮暗反差的图像。反差已经超出了相机所能记录的范围。

5. 反差过小的照片，缺乏亮部和暗部细节

观察直方图可以发现，在横轴的中间部位像素较多，这代表像素大多集中在了不明、不暗的灰色区域，而左侧的极暗与右侧的高亮区域几乎没有任何像素，这说明照片画面缺乏暗部与亮部细节，这也是曝光不准确的一种表现。

第2章 摄影采光技巧

认识光线，对摄影来说是非常重要的。摄影所需的光线条件和光线产生的效果，是摄影爱好者必须掌握的知识。

2.1 用光基础

038 大光比画面的特点是怎样的?

光线投射到景物上，亮部与暗部受光的比值就是光比。这样说你可能会觉得抽象、不易理解，其实我们可以简单地用“反差”来替代光比，这样就更容易理解了。

我们总会听到一些摄影师说光比是多大，具体是几比几的值，如果景物表面没有明暗的差别，那么光比是 1 ： 1；如果景物受光面与背光面明暗反差很大，那么光比可能是 1 ： 2、1 ： 4 等。测量光比，我们可以使用专业的测光表进行测量，但对大多数业余爱好者来说，那还是有些麻烦，有些小题大做了。

其实我们可以用一种更简单的方法来确定光比，我们用点测光的方法测背光面以确定一个曝光值，再测受光面的曝光值，如果两者相差 1EV 的曝光值，那么光比是 1 ： 2；如果两者相差 2EV 的曝光值，那么光比是 1 ： 4，依次类推。虽然我们看不到明确的曝光值，但在确定了光圈与感光度的前提下，快门速度每变化 1 倍，就表示曝光值变化了 1 倍，这样就可以衡量光比了。

光比对于拍摄的意义是让我们知道场景的明暗反差到底是大还是小。反差大则画面视觉张力强；反差小则画面柔和、恬静。

在摄影领域，大光比即高反差，通常大光比场景被称为硬调光场景，拍摄的照片自然是硬调的；反之则是软调的。高反差画面会让人感觉刚强、有力，低反差画面会表现出柔和、恬静的感觉。风光摄影、产品摄影中高反差画面质感坚硬，低反差画面则显得柔和很多，有利于表现被摄主体表面的细节。

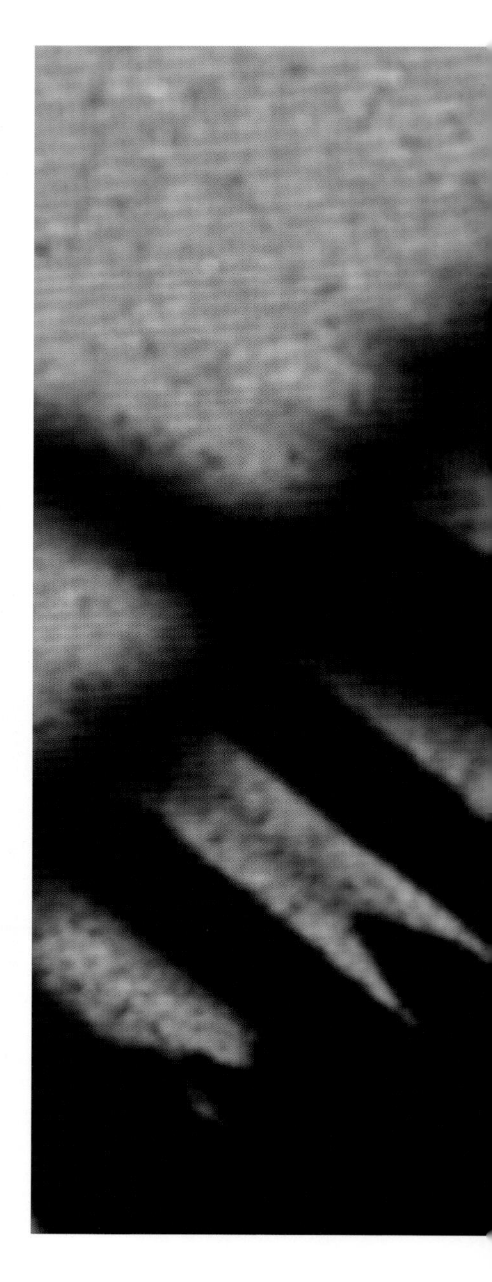

光圈 f/8.0，快门 1/320s，焦距 35mm，感光度 ISO 800

马奶酒
50%vol
500ml

039 小光比画面的特点是怎样的?

散射光下，场景中没有太大的光比，画面的影调层次可能不够丰富，但是画面却可以很好地呈现出各部分景物丰富的细节。

散射光下的风光画面，给人的感觉柔和、舒适。

040 直射光的功能是怎样的?

直射光是一种比较明显的光源，照射到被摄主体上会使其产生受光面和阴影部分，并且这两部分的明暗反差比较强烈。直射光有利于表现景物的立体感、形状、轮廓、体积等，并且能够使画面产生明显的影调层次。

直射光示意图

严格地说，光线照射到被摄主体上时，可根据明暗情况将被摄主体分为以下 3 个部分。

（1）强光位置是指被摄主体的直接受光部位，这部分一般只占被摄主体表面极少的一部分。在强光位置，由于受到光线直接照射亮度会非常高，因此一般情况下肉眼可能无法很好地分辨被摄主体表面的图像纹理及色彩表现，但是由于亮度极高，因此这部分可能是能够极大吸引欣赏者注意力的部位。

（2）一般亮度位置是指介于强光位置和阴影部分之间的部位，在这一部分，亮度正常，色彩和细节的表现也比较正常，可以让欣赏者清晰地看到这些内容，也是照片中呈现信息较多的部分。

（3）阴影部分可以用于掩饰场景中影响构图的一些元素，使得画面整体显得简洁、流畅。

直射光下的画面具有更丰富的影调层次。

041 散射光的特点是怎样的？

散射光也叫漫射光、软光，是指没有明显光源、没有特定方向的光线。散射光在被摄主体上任何一个部位所产生的亮度等几乎都是相同的，即使有差异也不会很明显，这样被摄主体的各个部分在所拍摄的照片中表现出来的色彩、材质和纹理等也几乎都是一样的。

在散射光下进行摄影，曝光是非常容易控制的，因为在散射光下没有强烈的高光亮部与弱光暗部，很容易把被摄主体的各个部分都表现出来，而且能表现得非常完整。但也有一个问题，因为画面各部分亮度比较均匀，不会有明暗反差的存在，画面影调层次欠佳，这会影响画面的视觉效果，所以只能通过景物自身的明暗、色彩来表现画面层次。

散射光示意图

像这张照片，表现的是一种散射光的氛围，散射光非常有利于呈现景物的各种细节、纹理等。

042 反射光的功能与使用技巧是怎样的?

反射光是指光线并非由光源直接发出照射到景物上，而是利用道具将光线进行一次反射，然后照射到被摄主体上的光线。实现反光操作用的道具大都不是纯粹的平面，而是经过特殊工艺处理过的反光板。这样可以使反射后的光线获得散射光的照射效果，也就是柔化效果。通常情况下反射光的亮度要弱于直射光但强于自然的散射光，这可以使被摄主体的受光面比较柔和。反射光较常用于自然光线下的人像摄影，使主体人物背对光源，然后使用反光板反光对人物面部补光。另外在拍摄一些商品或静物时也经常使用反射光。

反射光示意图

绝大多数人像类题材的摄影中，人物正面都需要进行补光，而我们借助于反光板或闪光灯对人物正面补光，能让画面的重点部位表现力更好。

043 顺光的特点是怎样的？

对顺光来说，其摄影操作比较简单，也比较容易拍摄成功，因为光线顺着镜头的方向照向被摄主体，被摄主体的受光面会成为所拍摄照片的内容，其阴影部分一般会被遮挡住，这样由阴影部分与受光面的亮度反差带来的拍摄难度就没有了。这种情况下，曝光过程就比较容易控制，在顺光下拍摄出的照片，被摄主体表面的色彩和纹理都会呈现出来，但是不够生动。如果光线照射强度很高，景物色彩和表面纹理还会损失细节。顺光在拍摄记录照片及证件照时使用较多。

顺光示意图

有时，虽然并不是严格意义上的顺光拍摄，但因为景物距离比较远，影子非常短，所以我们可以将场景近似看成顺光环境。那么可以看到，整个场景的色彩和细节都比较完整。

044 侧光的特点是怎样的？

侧光是指来自被摄景物左右两侧，与镜头朝向呈 90° 的光线，这样景物的投影会落在侧面，景物上的明暗影调各占约一半，投影修长而富有表现力，表面结构十分明显，每一个细小的隆起处都会产生明显的投影。采用侧光摄影，能比较突出地表现被摄景物的立体感、表面质感和空间纵深感，可造成较强烈的造型效果。在拍摄林木、雕像、建筑物表面、水纹、沙漠等各种表面结构较粗糙的景物时，运用侧光能够获得影调层次非常丰富的画面，空间效果强烈。

侧光示意图

用侧光拍摄人物，有利于营造一些特殊的情绪和氛围。

045 斜射光的特点是怎样的？

斜射光又分为前侧斜射光（斜顺光）和后侧斜射光（斜逆光）。从整体上来看，斜射光是摄影中主要运用的光线，因为斜射光不单适合表现被摄主体的轮廓，而且在斜射光的作用下被摄主体呈现出来的阴影部分能增加画面的明暗层次，这可以使画面更具立体感。拍摄风光照片时，无论是大自然的花草树木，还是建筑物，由于被摄主体的轮廓线之外会有阴影的存在，因此会给予欣赏者以立体的感受。

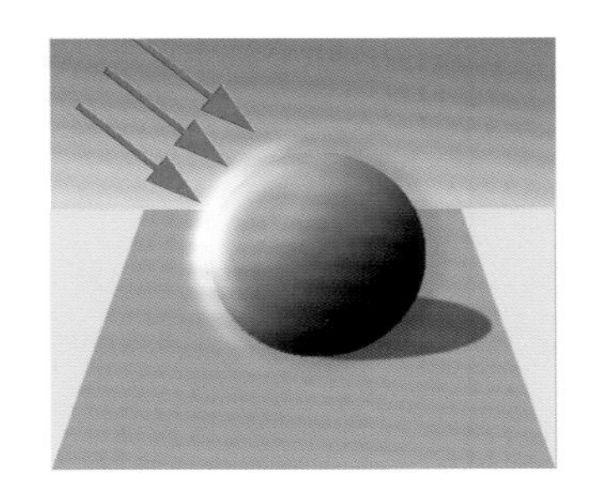

斜射光示意图

斜射光非常利于刻画景物的轮廓和线条，在拍摄时需注意，应该重点表现景物的轮廓及造型等。

046 逆光的特点是怎样的?

逆光与顺光是完全相反的两类光线，逆光是指光源位于被摄主体的后方，照射方向正对相机镜头的光线。逆光下的环境的明暗反差与顺光下的完全相反，受光部位也就是亮部位于被摄主体的后方，镜头无法拍摄到，镜头所拍摄的画面是被摄主体背光的阴影部分，亮度较低。虽然镜头只能捕捉到被摄主体的阴影部分，但被摄主体之外的背景部分却因为光线的照射而成了亮部。这样造成的后果就是画面明暗反差很大，因此在逆光下很难拍出被摄主体和背景都曝光相对准确的照片。利用逆光的这种性质，可以拍摄剪影的效果，极具感召力和视觉冲击力。

逆光示意图

逆光拍摄，会让被摄主体正面曝光不足而形成剪影。一般剪影的画面会让人有一种深沉、大气，或是神秘的感觉。并且逆光拍摄容易勾勒出被摄主体的外观线条、轮廓。当然，所谓的剪影不一定是非常“彻底”的，被摄主体可以如本画面这样有一定的细节显示出来，这样画面的细节和层次都会更加丰富、漂亮。

047 顶光的特点是怎样的?

顶光是指来自被摄主体顶部的光线，与镜头朝向约呈90°。晴朗天气里正午的太阳通常可以看作最常见的顶光光源，另外通过人工布光也可以获得顶光。正常情况下，顶光不适合用于拍摄人像照片，因为拍摄时人物的头顶、前额、鼻头很亮，而下眼睑、颧骨下方、鼻子下方可能会完全处于阴影之中，这会造成一种反常、奇特的形态。因此，一般都会避免使用这种光线拍摄人物。

顶光示意图

用顶光拍摄人物，人物的眼睛、鼻子下方会出现明显的阴影，可能会“丑化”人物，营造出一种非常不好的氛围。而人物戴上一顶帽子，则解决了这个问题，反而营造出一种优美的画面意境。

048 底光的特点是怎样的?

底光大多出现在城市的一些广场建筑物当中，从下方投射的光线大多是作为修饰光而出现的，并且对于单个的景物有一定的塑形作用。

场景当中，两道明显的底光向上照射，让建筑物自身出现了较好的影调层次和轮廓感，显得比较立体。

2.2 在不同自然光下创作

049 夜晚无光的环境怎样拍摄?

夜晚的环境会有两种情况，这里介绍其中一种，也就是纯粹的夜晚无光的环境。没有月光的照射，任何的拍摄场景都显得非常黯淡，特别是城市郊外或者山区场景。近年来比较流行的夜晚无光环境的拍摄题材主要是银河。

拍摄银河往往需要我们对相机进行一些特殊的设定，并且对相机自身的性能也有一定的要求，要求是高感光度、大光圈、长曝光时间拍摄，一般曝光时间不宜超过 30s，镜头大多使用广角、大光圈的定焦或变焦镜头，感光度通常设定在 ISO 3000 以上，这样能够将银河的纹理拍摄得比较清晰，并且能让地景有一定的光感，呈现出足够多的细节。这种将夜空的银河表现清楚的照片能够让欣赏者体会到大自然的壮阔和星空之美。当然要想表现出天空的银河，距离城市过近拍摄是不行的，需要在光污染比较少的山区或是远郊区进行拍摄。另外还需要在适合拍摄银河的季节进行拍摄。在北半球主要是指每年的 2 月底到 8 月底，虽然在秋季的 9 月到来年的 1 月这段时间里也可以拍摄到银河，但却无法拍摄到银河较精彩的部分，因为这部分银河在地平线以下，只有 2 月到 8 月这段时间，银河较精彩的部分才会出现在地平线以上，所以这段时间更适合拍摄银河照片。

无月的夜晚，可以拍摄出璀璨的银河。当然，这种明显的“银心”区域，在北半球一般要在每年 3 月到 7 月才能拍到。

050 月光之下的星空怎样拍摄?

夜晚环境的另一种情况是有月光照射的环境，这时就没有办法拍摄出清晰的银河，因为银河本身的亮度并不高，在月光的照射之下就无法表现出来。有月光时拍摄星轨是比较理想的，因为在有月光的环境当中，我们拍摄出的天空往往是比较纯粹的蓝色，整体显得干净、深邃。并且很多暗星被月光照射而不可见，最终拍出的照片地景明亮，天空深邃、幽蓝，星体的疏密也比较合理，整体画面会有比较好的效果。

可以看到这张照片，地面景物因为月光的照射，呈现出了丰富的层次和较多的细节，而天空是比较深邃的蓝色，星体的疏密也比较合理，画面整体效果比较理想。

051 天光怎样拍摄?

夜晚即将过去时，天空当中会逐渐出现天光，所谓的天光是指太阳的散射光。这种散射光并没有让整个天空或是地面发生过于剧烈的光线变化，较明显的效果是让天空当中的星星开始变弱、变少，有时甚至会使其几乎不可见，而让地面很多景物呈现出了足够多的细节层次。我们用眼睛直接观察时，几乎能够分辨出远处地面的一些景物细节，这时进行长时间的曝光拍摄，我们就能够让画面有非常好的表现力，层次和细节都比较丰富。

所谓的天光时段是指两个时间段，一个是天亮之前一个小时左右，另一个是日落之后一个小时左右。此时虽然一般不再有霞光，不再有蓝调，但是有太阳散射的光线，地面没有全黑。

刚入夜时拍摄的国家大剧院，天空的云层仍然有足够的细节和层次感，这是在天光照射下才能够呈现的效果。

052 蓝调时刻怎样拍摄?

一天中的日出时刻和日落时刻是非常适合摄影的“黄金时刻”，然而或许很少有人知道，一天中的蓝调时刻（Blue Moment）也是摄影师最爱的拍摄时刻，把握住这个时刻拍摄，神秘而忧郁的精彩大片就离你不远了。

蓝调时刻一般是指日出前几十分钟和日落后几十分钟，此时太阳位于地平线之下，天空呈现深蓝色调，十分适合风光和城市题材的拍摄。

这张照片，我们可以看到这样几个明显的特点，天空是比较深邃的蓝色且有明显的蓝调特征，而没有光线照射的一些区域仍然呈现出了一定的细节，被灯光照亮的部分也不会因为明暗反差过大而产生高光溢出的问题。最终得到了这样的蓝调画面效果。

053 霞光怎样拍摄?

霞光场景通常是自然风光摄影爱好者都非常喜欢的创作场景，因为这种场景中的光比不是特别大，容易得到明暗细节都足够完整的效果，且画面的色彩和影调也比较丰富，最终的照片画面就能具有很好的表现力。

日落时的霞光给画面渲染上了浓郁的暖色调，显得非常梦幻。

054 黄金时间怎样拍摄?

风光摄影当中，黄金时间是指日出与日落前后的 30 分钟左右，即从太阳刚刚在地平线之上和之下时算起的 30 分钟左右，包括日出和日落两个时间段。那么在这个时间段当中，正如前文所介绍的，太阳光线强度较低，摄影师比较容易控制画面的光比，可以让高光与暗部呈现出足够多的细节。另外，这个时间段的光线色彩感比较强烈，能够让画面渲染上比较浓郁的暖色调或冷色调。这样拍摄出的照片，无论色彩、影调，还是细节都比较理想，所以说其是进行风光摄影创作的黄金时间。

秋季的坝上，即便是下午 4 点多钟，太阳光线也有着充分的暖意，让画面的氛围显得非常温馨。

太阳接近海平面时，即便是逆光拍摄，画面整体的光比也能达到相机能够接受的光比程度，最终让画面表现出足够的细节。

日落之后，余晖将整个天空渲染上了迷人的霞光。

这张照片表现的是日落后十几分钟，蓝调时刻的城市，画面呈现出冷暖对比的效果，色调非常迷人。

055 上午与下午拍摄的特点是怎样的?

除我们之前介绍的夜晚以及日出、日落前后之外，在上午与下午一些特定的时间，太阳光线会逐渐变强烈，光线变强烈之后，我们对于画面光比的控制就变得比较困难。高光部分容易溢出，暗部容易曝光不足，因为相机的宽容度是有限制的，所以很多时候在上午与下午一些特定的时间，风光摄影爱好者就不再进行拍摄了。但实际上在一些特定情况下，类似于在一些景区，只允许在正常的工作时间进行相关拍摄，这时就只能根据现场的一些景物分布以及光线特点拍摄一些“白光”下的摄影作品。当然，在上午与下午拍摄时，我们还是应该尽量选择在光线与地平线夹角较小的时候进行拍摄，夹角越大，光线强度越高，画面的效果会更差一些。

这张照片拍摄的是雪后黄山的场景，实际上冬季的光线并不是特别强烈，可以看到画面当中仍然呈现出了足够多的细节。缺点是画面的整体色感有所欠缺。

056 中午适合拍什么照片?

中午一般是非常不适合进行摄影创作的。光线条件不适合进行摄影创作并不代表我们不能拍摄，实际上，在中午时我们可以拍摄一些身边的小景，借助于近乎顶光的照射，拍摄一些画面的局部小景，从而让这些小景显示出强烈的质感。

这个场景当中，因为中午的光线过于强烈，导致画面当中缺乏色彩，我们就根据场景选取了这个在顶光下能够呈现出较长阴影的房子的局部进行表现，让画面的层次变得更加丰富一些。针对色彩感比较弱的问题，我们将照片变成了黑白色的，避开了色彩的干扰，最终让画面表现出强烈的质感。

第3章

迷人的光影

本章将介绍摄影实拍当中关于用光的一些特殊技巧，包括如何捕捉到自然界中的丁达尔效应，如何拍摄出星芒效果等非常特殊的一些效果。这些特殊效果呈现在照片中，可以为画面增添一些比较特殊的亮点和视觉中心，能提升画面的表现力。

3.1 自然光源

057 什么是维纳斯带?

晴朗的天气条件下，太阳落山之后，或是日出之前，天空四周特别是太阳落下或升起位置的附近，可能会出现一道橙色等暖色调的光带，被称为“维纳斯带”。实际上这个名词来源于西方神话故事，据说爱神维纳斯有一条具有魔力的腰带，维纳斯带就是由此命名的。

维纳斯带的形成是因为部分红色的阳光照到了较高的大气层中，而它下方的蓝色部分，其实是地球的影子。

接近地平线的地方稍暗，呈现偏冷的蓝紫色，是地球的影子；上方有金黄色与粉红色的过渡带，这是光线受到空气中细小颗粒散射后，映出的美妙色彩，再往上则是冷色的天空。

通常太阳升起之前天边如果没有乌云的干扰则会出现维纳斯带。

这张照片是在城市的高楼顶部拍摄的，远处出现了明显的非常漂亮的维纳斯带，画面上方是深蓝色的天空。因为天没有彻底变黑，地景的一些暗部会呈现出足够多的细节，所以画面整体的细节比较丰富。而影调和色彩层次也比较理想，因为远处天空当中出现了明暗的过渡，明暗和色彩的过渡主要是受到维纳斯带的影响。

维纳斯带与太阳跃出地平线之前产生的霞光比较相近，维纳斯带出现一段时间后，可能短短的几分钟或是十几分钟之后，霞光会逐渐变得明显。

实际上，整个维纳斯带出现的时间段可以称为蓝调时刻。此时的太阳是位于地平线之下的，天空为深蓝色，呈现出一种纯粹的色调。地面即便是最暗的部分也没有完全“黑掉”，整体画面呈现出深邃、冷静的氛围。在这种环境当中，比较适合拍摄一些城市的风光，因为城市当中的灯光以暖色的为主，与深蓝色的天空和幽邃的环境会形成一种冷暖的色调对比，并且天空的深蓝色与灯光的暖色往往会形成互补的色调，这种色调的对比非常强烈，具有较强的视觉冲击力，能够吸引欣赏者的注意力。

这张照片拍摄的是维纳斯带与轻微的霞光，两者相融的天空的色带就显得比较明显。当然，这本质上还是一种维纳斯带所构成的画面效果。

058 局部光怎样拍?

一天当中除了前文所介绍的一些不同的光线之外，实际上在自然界当中还有一些非常特殊的光线，如阴雨天太阳光偶尔从乌云的缝隙当中投射出来，形成的一些局部光或丁达尔效应以及强烈对比的其他一些光线。如果能捕捉到这些光线，也是能让画面变得比较独特、有意思的。

这张照片表现的是一种局部光，这种局部光在多云的天气里比较常见。当然对于这种局部光并不是我们在看到之后就可以盲目地直接拍摄的，需要等待和选取拍摄时间。这张照片我们是等待局部光照射到近处的建筑及远处的山体时拍摄的，此时被光线照射到的建筑与远处的山体就会形成一种远近的对比和呼应。

059 什么是丁达尔效应?

另外一种比较特殊的光线——丁达尔效应，它是指穿透过比较厚重的遮挡物的光线。如果光源比较强烈，而光源前方又有比较厚重的遮挡物，光线穿透过遮挡物比较薄弱的部分时容易形成丁达尔效应。常见的场景是光线穿过早晨茂密的树林，或是太阳光穿过天空浓厚的云层。另外，如果空气当中水汽比较重，或是有一定的灰尘时，丁达尔效应会更明显。

这原本是一个非常简单的草原场景，画面没有太好的表现力，但由于天空当中太阳透过浓厚的云层产生了明显的丁达尔效应，最终画面整体的表现力就变得非常好了。

060 什么是透光?

透光是指能透过一些比较薄的遮挡物并使遮挡物产生一种光线透视现象的光线，这种透视会让遮挡物表面的一些纹理等显示得非常的清晰。常见的场景有将相机放到地面仰拍花朵或者在树木的阴影处逆光拍摄一些树叶等。

这张照片，我们逆着光线的方向拍摄，最终得到了这种透光的效果，可以看到花瓣的质感表现得非常强烈，纹理和脉络也非常清晰，有一种晶莹剔透的感觉。

061 眼神光怎样拍？

人像摄影当中，人物的面部是表现的重点，但对于人物的面部，眼睛的表现则更加重要。眼睛是人“心灵的窗户”，如果眼睛的表现力足够，那么照片中人物整体会显得比较有精神，更有神采。如果眼睛的表现力不足，那么最终成像时，无论人物面部五官如何精致，身材如何苗条、修长，画面整体都会给人一种没有活力的感觉。

对于眼睛的刻画，眼神光是至关重要的一点。眼神光是外界的光源倒映在瞳孔中形成的。拍摄人物时，只有人物的眼睛当中出现了眼神光，眼睛的表现力才会好。要拍摄出眼神光其实非常简单，只要在拍摄时让人物的正前方有明显的点光源或是其他的光源，就可以拍摄出眼神光。

像这张照片是在密闭的室内拍摄的，让灯光分布于人物的眼前，那么最终拍摄时可以看到人物的眼睛中倒映出点点灯光，也就是明显的眼神光，画面就“活”了起来。

062 剪影怎样拍?

在逆光拍摄时，根据画面的曝光情况，以明暗高反差场景的高光部位为曝光依据，那么相机会认为整个场景比较明亮，因此会降低曝光值，就会导致地面的一些背光的景物曝光不足而产生剪影的效果。

通常情况下，绝大多数大光比、高反差的场景都可以拍摄出剪影效果，前提是要逆光或是侧逆光拍摄，然后适当降低曝光值。对有着剪影效果的画面来说，地景对象或景物轮廓不能太过复杂，要简单一些，并且地景对象或景物的正面不能是表现的重点。在拍摄一些山景、树木、人物时可以采用剪影的方式来拍摄。表现人物时，剪影可以用于表现人物的身材线条。

这张照片表现的是山景，借助于剪影的方式表现出了山体的轮廓以及山脊四周的一些丁达尔效应。

063 怎样得到光雾效果?

光雾是逆光拍摄人物时的一种特殊光效，是一种眩光，这种眩光会表现得比较均匀，不会产生强烈的光斑和“鬼影”，能让画面显得如梦似幻，有梦幻般的美感。

实际拍摄时，需要逆光或侧逆光且不带遮光罩拍摄，这样就容易拍摄出光雾的效果。当然，在拍摄时还要调整取景角度，避免产生光斑。通常情况下，用大光圈可以有效抑制产生光斑及“鬼影”。光雾的梦幻效果与逆光拍摄一般人像时，人物四周出现发际光有异曲同工之妙。

在前期拍摄时，也可以通过在镜头前加装一些塑料膜、比较薄的纱布等来实现光雾效果，这种效果还可以借助于后期手段，例如在 Photoshop 中通过添加滤镜来实现。

这张照片就是在逆光条件下，通过调整取景角度，当画面中出现光雾效果时拍摄的。

3.2 人工光源

064 怎样拍出漂亮的星芒？

星芒是指所拍摄场景当中的点光源呈现出星芒四射的效果。星芒来源于强光源在镜头光圈叶片之间产生的衍射。由此可知，光圈叶片的数目会对星芒的数量产生较大影响。我们可以知道，光圈叶片的一个缝隙会产生一条星芒，那么最终光圈叶片数有多少，所得到的照片当中的星芒数就是多少。但实际上因为偶数片光圈叶片的星芒会产生一种重合，所以实际上光圈叶片数不能作为判断星芒数的唯一标准。正常情况下我们可以这样认为，星芒数与光圈叶片数相等，或是光圈叶片数的一半。

要拍摄出星芒效果还需要几个必要条件。其一，光源足够明亮而四周亮度偏低，或者光源与环境的明暗反差比较大，这样容易凸显星芒的效果。其二，光圈不宜过大，光圈过大时，光源在照片当中容易呈现出光斑的形状，颜色不是太明显，所以无法呈现出星芒，而小光圈下光源容易变为非常小的点，成为点光源。其三，曝光时间要长一些，长时间的曝光容易让衍射效果变强，那么星芒的长度也会变大。

另外，用广角镜头拍摄会让整个场景显得比较远，那么光源的成像也会比较小，会变为明显的点光源，因此更容易产生星芒。但如果用长焦镜头拍摄，会将远处的景物拉近，那么光源容易产生较多的散射，并且光源的成像也比较大，这会导致照片产生光斑。所以说，通常用广角镜头拍摄实现的星芒效果要好一些，用长焦镜头拍摄实现的星芒效果要差一些。

这张照片是用超广角镜头拍摄的，画面右上方以及中下方都有明显的光源，而光源产生了强烈的星芒效果，非常漂亮。

这张照片是使用长焦镜头拍摄的，远处的路灯被拉近之后形成了一个个的光斑，星芒就不是那么明显。

065 光线拉丝效果是如何产生的?

所谓的光线拉丝，是摄影创作中较常见的一种光效，它的实现非常简单，就是在慢门下拍摄运动的光源，从而拍摄出拉丝的效果，这与拍摄慢门流水等的原理是一样的。

在类似于夜晚城市这种场景当中，降低快门速度，这样单位时间内相机所得到的曝光量就会非常少，那么类似于车辆的车身等亮度比较低的物体，就无法在感光元件上成像，但是车灯等高亮部位的亮度比较高，就可以不断地在感光元件上“显影”。在长时间的曝光过程中，车辆是不断移动的，所以车灯的“显影”就会产生线条的形状。

拍摄夜景城市风光时，使用慢门的方式拍摄，可以记录下街道上大量车流的车轨效果，画面非常梦幻、漂亮。

PICC
SK
China World

066 如何表现手机与手电筒等点光源?

无论是城市风光摄影还是自然界当中的弱光摄影，使用手机或手电筒作为点光源可以丰富画面的内容层次以及影调层次，形成一些明显的视觉兴趣点。一般来说，手机所在的位置就是人物所在的位置。借助于手机，可以对人物实现一定的强化。

手机内置的手电筒光源强度非常高，但是光源面积非常小，使用较大的光圈进行拍摄，也能够拍摄出一定的星芒。所以在星空摄影时，人物举起打开了内置手电筒的手机再进行拍摄，画面看起来仿佛从天空中摘下了一颗星星。这种画面是非常有意思的，并且让地面有了“落脚点”，落脚点使得画面的秩序感很强，并且整体显得紧凑和协调。

手电筒的使用相对较少，主要应用在星空摄影当中，并且在星空摄影当中使用手电筒时，对手电筒本身的要求也比较高，要求聚光性要好。如果聚光性不够理想，那么光束发散过快，就会是一片白茫茫的痕迹，显示不出照出的线条。

067 钢丝棉光绘的拍摄技巧是怎样的?

钢丝棉是一种可以燃烧的压缩物，燃料当中混入了一些金属丝，遇到高温时，这些金属丝会发热、发光，甩动起来之后，金属丝划过的轨迹会产生漂亮的效果。一般来说，为了避免烧伤，我们在购买钢丝棉时往往要多准备一些辅助器具，例如铁链、手套、夹子，甚至护目镜等；另外还可以准备一件不再穿的旧衣服，在甩动时提前穿上这件衣服，可以避免自己日常穿的衣服被烧出窟窿。

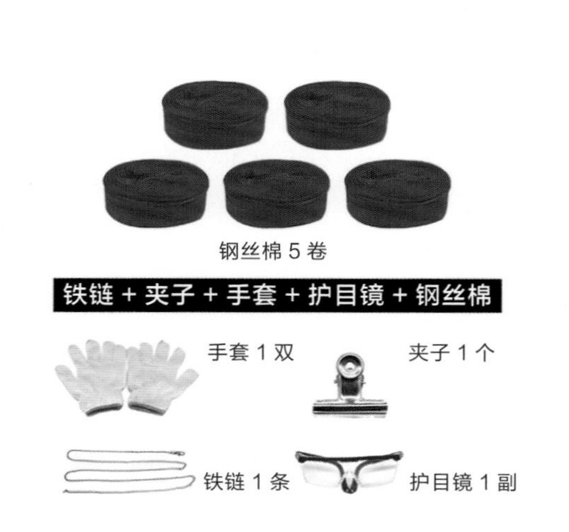

钢丝棉以及拍摄时建议使用的一些辅助道具。

具体的拍摄方法其实非常简单，只要在天色没有完全变黑时选择一个开阔的场地，点燃钢丝棉后进行甩动就可以了。甩出的铁花划过的轨迹就是金属丝的轨迹，甩动的幅度越大轨迹越长。就目前来看，钢丝棉光绘是近年来较先普及的一种创意光绘，并且它的玩法也比较简单，没有太多的技术含量。当然，最终的表现力也谈不上太理想，毕竟这只是一个简单的光绘效果。

068 怎样用马灯提升画面表现力?

在帐篷内使用马灯可以让帐篷变为一个整体的光源，除此以外还可以单独使用马灯。马灯的亮度是可调的。并且马灯在网上就可以购买，价格也不贵。在野外拍摄弱光场景时，借助马灯可以对前景进行补光。另外，还可以在树木、岩石、洞穴等位置放置马灯，这样能产生一定的照明效果。冷色调的夜景与暖色调的灯光会形成一种冷暖的对比，并且马灯会形成视觉中心，让欣赏者有一个视觉落脚点，并能让画面增加影调层次和色彩层次，画面的表现力会变得更好。

一种常见的马灯

人物手提马灯，在夜晚降临时拍摄，让画面产生了强烈的明暗对比和冷暖对比。

069 怎样用帐篷提升画面表现力?

在室外拍摄夜景或星空时，将帐篷作为地景是非常好的选择，当然要选择颜色为暖色调的帐篷，一般使用较多的是橙色、红色的帐篷。在这种帐篷之内放一盏马灯，在远处拍摄时，帐篷就会作为地面的视觉中心出现在画面中，能避免画面变得单调或者效果不够理想。这里需要注意的是，在帐篷内放置马灯作为光源时，通常需要对马灯进行一定的遮挡。比如在马灯外侧遮挡上柔光布或是纸巾等，如果不进行遮挡，那么在远处拍摄时，画面中帐篷可能会产生亮度非常高的光斑，长时间曝光之后会导致帐篷部分局部曝光过度。但在拍摄时，我们不可能随时控制帐篷的灯光的明暗，不可能只让帐篷里的灯光持续 3~5s（能够遥控的灯光除外），所以大多数情况下，正确的拍摄方式是提前将帐篷内的灯光亮度降低，这样即便拍摄 30s 后，也可以确保帐篷部分不会曝光过度。

这原本是非常简单的一个场景，地景的表现力是有所欠缺的，但因为出现了人物和帐篷，形成了明显的视觉中心，所以画面整体的内容层次就更加丰富了，画面也更加耐看。

070 什么是专业级光绘棒？

这里要介绍的光绘棒与大家理解的光绘棒可能有所出入，我们所介绍的这种光绘棒可以绘制出图案，而非简单的带有手柄的 LED 灯。具体来说，光绘棒的手柄上有一些按键以及一个液晶屏，通过按键可以选择绘制的图像，并且能够在与光绘棒相连接的手机 App 中进行直观地观察。具体操作是选好编号之后，在光绘棒内根据编号选择图像，这样可以从手机上直观地选择我们想要绘制的图像，再在光绘棒上进行操作。

专业级光绘棒

具体操作时，将光绘棒朝向相机拍摄的方向，然后在几秒内由上到下或是由下到上让光绘棒绘制出一些特定的图案。比较有意思的是，以不同的绘制速度和绘制高度可以绘制出大小不同的图案，如果我们能进行持续的连拍，就可以利用同一个光绘棒拍摄出大小、方向、动作等全部相同的很多光绘形象。最后只要采用最大值堆栈就可以将这些较亮的光绘形象堆栈在一张照片里，并且毫无合成的痕迹。

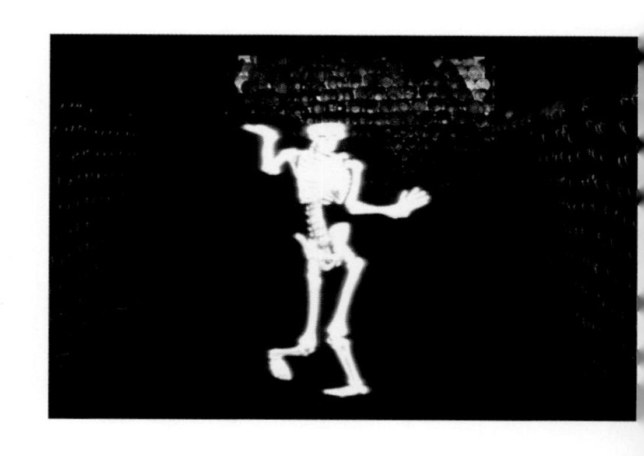

这张照片表现的是在北京昌平的一个废弃工厂里拍摄的光绘“幽灵”。

由于光绘棒的性能比较出众，功能也比较多，所以价格稍高，价格通常在百元以上。要注意的是，这种光绘棒如果使用不当，可能会出现按键失灵等问题。

图中展示的是使用同样的光绘棒所绘制出的其他图案。

第 4 章 高级用光技巧

本章介绍一些关于用光的高级技巧，具体包括如何控制各种不同的画面影调效果，以及影调与色调在高光部分与暗部等不同区域的分布状态。当然关于本章的内容，可能还需要结合一些摄影后期的思路来进行综合的思考。

4.1 影调

071 高调作品的特点与拍摄是怎样的?

在摄影领域，高调是指所拍摄的照片以颜色非常浅淡的景物为主，画面的曝光值整体偏高，最终照片显得非常明亮、明媚，能够给人干净、舒爽的感觉。从直方图来看，高调的摄影作品，直方图是“右坡型”的，可能会有一种曝光过度的感觉，但结合照片我们就会发现，这是一种特定影调风格的照片，曝光是没有问题的。当然，即便是高调的摄影作品，最好也不要出现大量的高光溢出。另外，拍摄高调的照片，场景当中不易有太多的深色景物和对象，另外，曝光值要适当高一些。

像这张照片，从直方图来看，这是一种右坡型的曝光过度的直方图。但结合照片就会发现，这是一张高调的摄影作品，照片中人物的衣服颜色、用光都比较符合高调摄影作品的标准，画面整体给人一种非常明媚、梦幻的感觉。

这张照片，本身场景是浅色调的，并且有大量的灯光，那么结合较高的曝光量，最终就得到了这种高调的室内建筑效果。从直方图来看，也是一种曝光过度的效果，而实际上这是一幅高调的摄影作品。

072 低调作品的特点与拍摄是怎样的?

低调与高调正好相反，其场景当中大多数是深色系的景物和对象。另外在曝光时，曝光值不宜过高，一般是标准曝光值，然后稍稍降低一定的曝光补偿值，最终得到低调的画面效果。从直方图来看，低调的摄影作品直方图的波形大多聚集在左侧，显示出曝光不足的直方图波形特征，但结合画面来看就会发现是低调的画面效果。低调的摄影作品往往给人一种深沉、神秘的感觉或是其他特定的画面效果，在表达情绪时会非常有用。

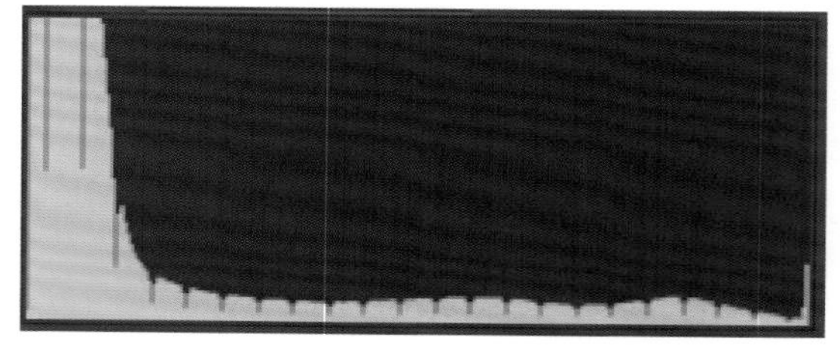

像这张人像作品，可以很明显地判断出来就是一种低调的画面效果，人物的头发、衣服以及背景都是深色系的，再加上整体偏低的曝光值，低调的效果就非常明显。

073 长调作品的特点是怎样的?

对于照片的影调，除高调与低调外，还可以根据直方图波形的分布将照片分为长调、中调和短调。对长调来说，它是指从直方图的波形来看，从纯黑的暗部一直到纯白的亮部都有像素分布，影调接近于全面覆盖。从照片来说，暗部与亮部都有层次细节。

从直方图我们可以看到，波形的左侧几乎触及了直方图左侧边线，右侧同样如此，这就是一种长调的画面效果。

根据长调画面的波形分布，我们还可以将长调分为低长调、中长调和高长调。低长调是指曝光值稍稍偏低，波形偏左的长调画面；中长调的直方图波形的重心大多位于中间调区域；而高长调的直方图波形像素大多集中在直方图的右侧。正常来说，很多高调的摄影作品都是高长调的。

像这张照片，从直方图来判断，深色系的景物占据了更多的区域，是一种低长调的画面效果。

074 中调作品的特点是怎样的?

中调摄影作品与长调摄影作品较明显的区别是中调摄影作品的暗部和亮部都缺少像素分布，就是暗部不够黑，亮部不够白，画面的对比度会低一些。中调摄影作品整体给人的感觉会比较柔和，没有强烈的反差。

中调同样也可以分为高、中、低 3 种类型。

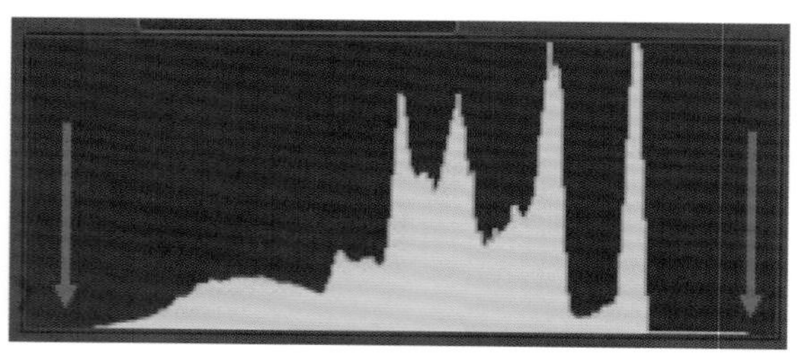

这张照片就是一种中中调，从直方图也可以看出左侧与右侧是缺乏一些像素分布的。

075 短调作品的特点是怎样的?

短调通常是指对应作品的直方图左右两侧的波形分布范围不足直方图左右宽度的一半。整个直方图从左到右是 0~255 总共 256 级亮度，短调的波形分布范围不足一半，也就是不足 128 级亮度差别，对应的摄影作品被称为短调作品。

当然短调也分为高、中、低 3 种类型。

像当前这张照片，就是一种低短调的摄影作品，可以看到直方图的波形主要位于左侧，右侧没有像素分布。从照片来看画面比较灰暗，缺乏亮部像素。通常情况下短调的摄影作品比较少见。一些夜景微光场景可能会被拍摄成这种影调的摄影作品。

076 光与对比的关系是怎样的?

在摄影创作当中，光线与阴影的对比可让画面显得更立体，更具光感和空间感，这也是摄影当中非常重要的一条原则，但很多初学者都没有意识到，经过讲解相信大家都能掌握。

来看这张照片，这种阴雨的天气光线较弱，整个场景缺乏光感。

如果我们想要表现出好看的摄影作品，只能通过后期将一些可以压暗的景物和对象进行压暗，将另外一些可以提亮的区域进行提亮，通过压暗和提亮来强化画面当中的反差（也就是对比）。通过这种对比的营造，可以看到最终呈现出来的画面的层次比较丰富，并且有了一定的光感，仿佛是光线穿过浓密的云层洒在主体对象上。虽然光线不强烈，但是这种对比能够呈现出一种比较明显的光感。

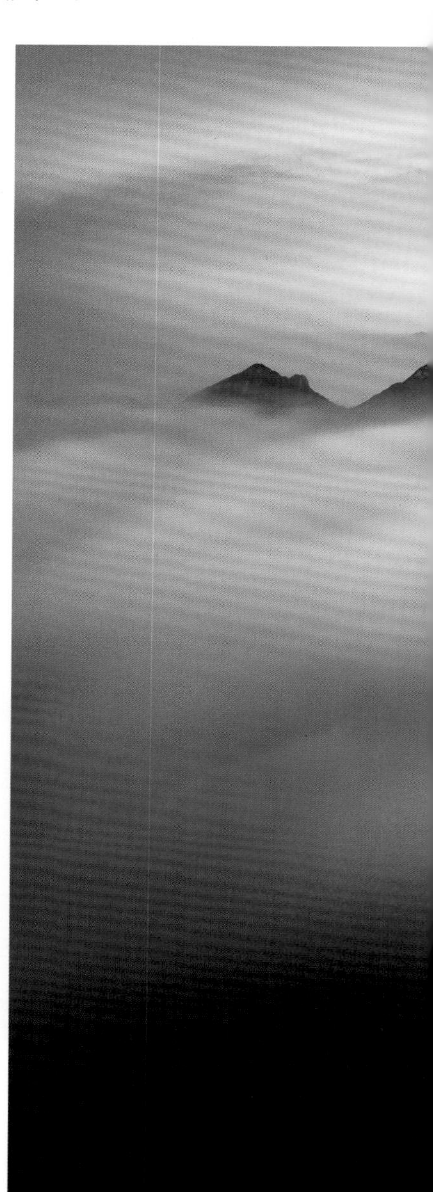

这张照片拍摄的是箭扣长城，夜晚“蒸腾”起漂亮的云海，因为是一个微光的环境，所以没有明显的光线。但后期进行了大幅度地反差强化，可以看到这种反差的强化让画面具有了很好的光感，影调层次也就变得比较理想了。

077 对比与通透度的关系是怎样的?

实际上，对比不只带来了光的效果，还会对画面的通透度带来重要的影响。我们可以这样认为，对比不仅带来了光的效果，还会让画面变得更加通透，给人清爽、舒适的感觉。

这张照片是在喀纳斯三湾拍摄的一个有晨雾的场景，由于晨雾的干扰，导致画面整体灰蒙蒙的，不是特别通透。可以看到整体的场景本身对比度比较低，光感也比较弱，通透度有些不足，画面不够立体。

提高画面的对比度之后可以看到，虽然没有足够强烈的光线，但通过这种对比强化出了光感，最终画面变得非常通透，效果就更加理想了。这也验证了对比不只带来了光的效果，也可让画面变得更加通透。

078 光与质感的关系是怎样的?

除了光以外，关于光影艺术的另外一个特质是质感。实际上，我们所能看到的景物的质感主要来源于各种不同的光线的运用，所谓质感是指不同材料给我们的真实感觉。比如我们看到嶙峋的怪石，它给人的感觉就是表面纹理凹凸不平，仿佛触手可及；而涌动的水面或是云海，给人的感觉仿佛始终在流动，这就是质感。强烈的质感会给人更强烈的视觉冲击，让人感受到画面的真实。质感对构图来说是非常重要的一个概念，但质感的表现主要借助于光线来实现。光用得好，画面会表现出更强烈的质感；光用得不好，画面会损失质感。一般来说，过于强烈的对比不利于呈现景物表面的质感，因为太强的反差会导致高光部分曝光过度，而暗部曝光不足，无法体现细节纹理的质感。所以我们在表现质感时，对于光线的把握一定要非常准确，对于画面的测光和曝光要格外注意。

在低角度侧光照射下，草地呈现出了较强的质感，有种触手可及的感觉。

079 光与画面明暗的关系是怎样的？

景物的明暗关系，本质上是指光的方向与景物明暗的关系。光线照射到某个场景，受光线照射的部位亮度会非常高，背光的部位亮度低，而明暗结合的部分亮度一般。如果画面整体的光影分布符合这种光线照射的规律，那么画面整体给人的感觉就会更加“干净”。但实际上在摄影创作当中，因为相机的算法问题，有一些暗部可能会被自动提亮，亮部会被相机自动压暗，这就会导致亮的区域不够亮，暗的区域又不够暗，这种为了“追回”细节而导致明暗关系发生变化的问题最终就会导致画面显得杂乱。

在后期处理照片时，如果感觉画面有些杂乱，就应该从光线的方向与明暗关系这个角度来进行解决。首先找到光源位置，然后根据光线照射的方向对光线照射的位置进行提亮，对背光的部分进行压暗，经过对光线的明暗关系和方向进行梳理，最终画面就会显得干净起来。

原照片，近景处岩石与水面的明暗关系不够合理，显得杂乱。

经过调整光线明暗，画面更符合光线照射规律，整体结构也更紧凑，画面显得更干净了。

080 光与画面干净度的关系是怎样的？

对于有明显光源的场景，可以根据光线的方向与明暗关系对画面进行一定的调修。但实际上也有一些场景本身是一个散射光环境，场景当中存在大量的照明光源，比如我们拍摄城市夜景，大量的城市光源就会导致场景当中产生一些局部杂乱的光线，这种局部杂乱的光线可能会让整个场景中我们想要压暗的一些区域亮度变得过高，而一些想要提亮的区域亮度反而不够。这时我们就可以不必太考虑光线的方向性，而应根据实际的情况对画面的局部进行一些明暗的调修，最终得到我们想要的效果。

来看具体的例子，像这张照片，画面整体的色调和影调已经比较理想，但如果仔细观察，会发现天空亮度不均匀，有的区域亮，有的区域暗，特别是天空中间部分颜色过深，那么天空就显得不够干净。而对地景来说，画面下方几栋居民楼亮度非常高，它干扰到了画面中间两座古建筑的表现力。

那么在后期调整时，我们就可以借助于蒙版、曲线等工具对天空部分进行明暗的调匀处理，而对于地景近处的几栋居民楼，则可以进行单独的压暗。

最终我们就实现了想要达到的目的。可以看到，画面中间的两座古建筑，亮度没有发生太大变化，却更加醒目，这是因为我们将很多周边的干扰元素进行了“抑制”、压暗，最后画面会更加耐看。

4.2 色调

081 什么是光的温度？

所谓光的温度，是与光的色彩相关的。因为不同的光线是有不同的色彩的，所以不同色彩的光线就会导致画面有不同的色彩效果，给人的感受也是不一样的。首先，我们要明白一个常识：所谓的光线也就是可见光，它只占自然界当中所有光线或者光波的极小部分，我们常说的伽马射线、X射线、紫外线、红外线、雷达波等都是看不见的；日光的光谱又分为红、橙、黄、绿、青、蓝、紫，这七色光混合在一起就变为了没有颜色的光线，当然我们也可以认为它是透明的光线，这就是可见光。那么，可见光为什么有不同的颜色呢？其实这个问题的答案也非常简单，这是因为不同的光有不同的温度。举例来说，我们点燃蜡烛时，会发现蜡烛的烛光从外侧到灯芯位置的色彩是不同的，温度最高的是蓝光部分，温度适中的是白光部分，温度最低的是红光部分，这是不同的温度所带来的不同色彩变化，最终使烛光发出不同颜色的光。

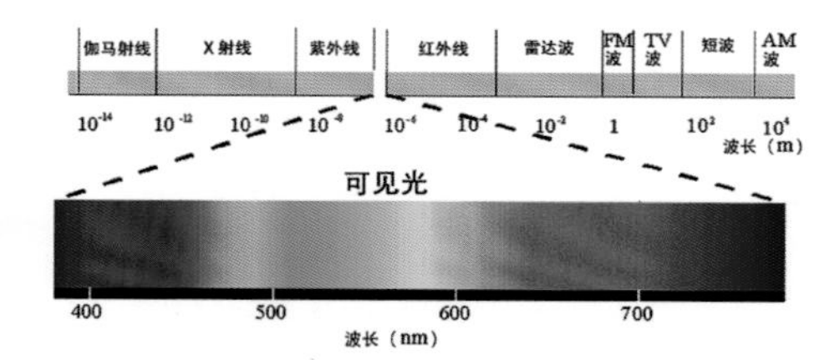

可见光与其他光的波长分布示意图

在摄影创作当中，根据不同光的温度，我们就可以对画面的色彩进行特定的打造。

烛光	手电筒的光	钨丝灯的光	日出、日落的光	上午、下午的光	正午日光	电子闪光灯的光	多云天空的光	蓝天阴影下的光
1800~2000K	2500K	2800K	3000K	3500K	5500K	5500K	7000K	7500K

在图中，我们展示了不同温度的光线颜色，K（开尔文）代表热力学温度单位，图中所标识的光的温度也可以称为色彩的温度（色温），烛光的温度是1800~2000K，手电筒的光的温度是2500K，钨丝灯的光的温度是2800K，日出、日落的光的温度是3000K，蓝天阴影下的光的温度是7500K。可以看到，随着温度的升高，画面色彩产生了由红到蓝的变化。

理解了光的温度，就能够理解在不同的场景中拍摄的画面为什么会呈现出特定的色彩。比如，如果相机设定的色温高于实际拍摄场景的色温，那么最终的画面会呈现一种更暖的色彩，也就是说，画面会往偏红的方向发展，照片看起来会偏暖；如果拍摄场景的色温比较高，而相机设定的色温又比较低，那么最终拍摄出来的照片画面就会往偏冷的方向发展。只有相机设定了与实际拍摄场景基本相同的色温，才能够最准确地拍摄出真实场景的色彩。在了解了光的温度、色温与相机设定的色温的关系之后，我们就能够解决各种不同场景的色彩偏移以及色彩还原问题。

这张照片表现出的星云的色彩实际上是由不同的星体发射出来的一些红色光线，这种红色光线实际上与早晚的太阳光线基本上是相同的，所以说我们在夜晚拍摄时，如果是设定了 3000~4000K 的色温，那么能够比较准确地反映出星云的色彩，但是星云的色彩被准确还原之后还会产生新的问题，因为相机的色温设定得比较低，而夜晚阴影下的色温又比较高，所以就导致最终画面整体的色彩要偏蓝一些。上图这个场景，我们可以非常明显地看到这种规律。当然也要注意一点，如果我们要准确反映这种星云的色彩，只靠色温的调整是不够的，我们往往还需要借助于“天文改机”。

到了日落与日出时分，此时的光线会变得非常暖。光线中红色、橙色和黄色的成分比较多。此时我们准确还原了现实场景的色彩，整个照片是非常温馨、非常温暖的。当然有时候我们为了强化这种强烈的暖色调氛围，还可以设定稍稍比实际场景高一些的色温，比如设定 5500K 的色温来拍摄 3000~4000K 的色温环境，那么画面的色调会更暖一些。

这张照片同样如此，虽然此时太阳与地面的夹角还比较大，太阳光线还比较强烈，色彩感并不是很强，但因为我们使用了 5500K 左右的日光色温进行拍摄，所以画面看起来是非常暖的，强化了暖色调的氛围。

到了中午前后，色温急剧升高，真实场景的色温为 5000K 以上，那么设定 5000K 左右的色温进行拍摄，画面就能够准确还原真实场景的色彩。当然，此时场景的色彩就比较平淡了，都是“大白光”，画面的表现力要差一些。

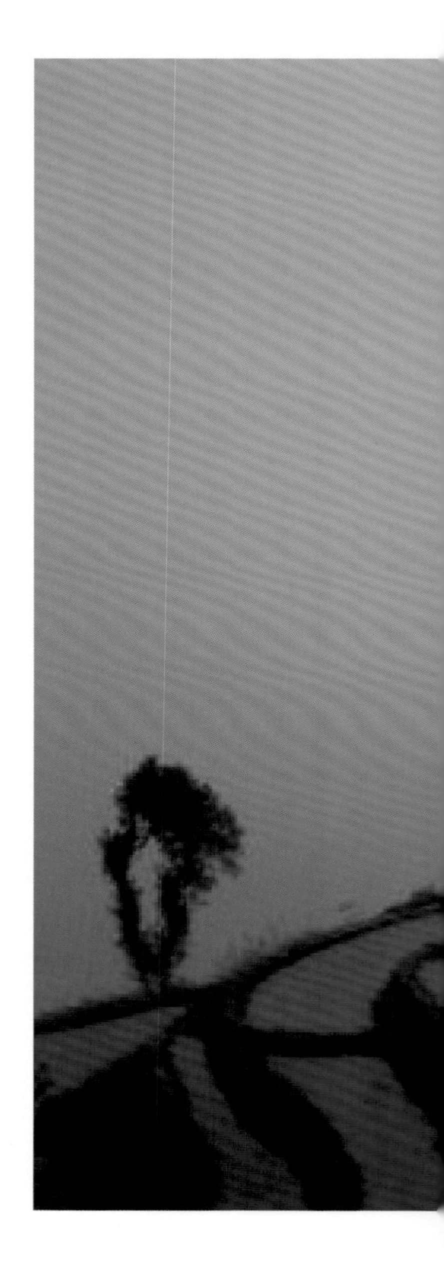

这张照片，我们可以看到这是一个飘满晨雾的场景。真实的色温应该在7000K以上，最终准确还原色彩之后，可以看到画面的色彩也是蓝色调的，因为蓝色对应的色温基本就是7000K以上。

082 日出或日落时为何要强化暖色调?

在拍摄一些日出或日落的场景时，如果表现的是局部的小景或是一些特写，那么我们就可以对画面当中的暖色调进行强化处理，这样可以突出日出或日落时暖色调的氛围。当然，强化暖色调只是大部分场景的一种处理方式，一些比较特殊的情况还是应该根据景物自身的特点进行具体的后续处理。

对于这种日出时局部的小景，我们强化了暖色调效果，最终让画面呈现出非常迷人和梦幻的色彩。

083 蓝调时刻为何要强化冷色调?

在日出之前或是日落之后的蓝调时刻，我们可以对画面的冷色调进行强化。如果这种蓝调不够强烈，那么画面就会显得非常平淡，无法凸显出蓝调时刻的一些光影特点。只有对冷色调进行强化，让画面的氛围强烈起来，画面真正的表现力才会更好。

这张照片我们可以看到，太阳落山之后整个环境是一种蓝调的氛围，那么拍摄的照片实际上也有一些偏冷，但后期处理时我们依然要对这种蓝调的效果进行一定的强化，可以适当降低色温，让画面显得更冷一些。至于冷色调的强化程度，则可以根据画面的实际情况来进行调修。像这张照片，天色刚暗，蓝调的氛围并不是特别强烈，可以稍稍降低色温，最终得到这种冷色调的效果。

这张照片，天色已经完全暗下来，为了突出画面冷暖对比的效果，进一步强化了冷色调，让画面看起来整体偏蓝，与水面附近走廊上的灯光形成一种强烈的对比和反差。

084 高光暖是什么意思？

摄影的后期创作很多时候是为了结合自然规律，真实还原所拍摄场景的状态。根据我们的认知，太阳光线或者一些明显的光源发出的光线大部分是暖色调的。可能我们会觉得太阳光线在中午时是白色的，但其实它是有一些偏黄、偏暖色调的。在摄影作品当中，如果对受光线照射的高光部分进行适当的暖色调强化，那么是符合自然规律的；相反，如果将受光线照射的高光部分向偏冷的方向调整，那么是违反自然规律的，画面往往会给人非常别扭、不真实、不自然的感觉。

整体来看，在摄影的用光当中，对于照片的高光部分，应该将其向偏暖的方向调整，这样最终的照片会显得更加自然。

这张照片拍摄的是长城的晚霞，晚霞照射出的光线表现在照片画面中就应该是暖色调的，那么我们后期处理时应该对这种暖色调进行强化，这样照片看起来会更加真实、自然。

这张照片，日落之后，整个天空已经呈现出了偏冷的色调，包括地景表现的也是一种蓝调的氛围，但实际上天空靠近地面的区域依然有太阳余晖的照射，属于高光区域，这个区域本身看起来色调是有一些偏暖的，所以后续对这种暖色调进行强化，最终就得到这种冷暖对比的效果。

085 暗部冷是什么意思?

与高光暖相对的另外一个常识就是暗部冷。我们都有这样的经历，在夏天感觉到炎热时，站在树荫下，立刻会觉得凉爽，这是因为受光线照射的区域有一种温暖的氛围，而背光的区域有一种阴冷、凉爽的氛围，表现在画面当中也是如此。高光部分可以调为暖色调，暗部则可以调为冷色调，这样就符合自然规律，表现在画面当中就会让画面显得非常自然。

其实我们还可以从另外一个角度来解释。通常情况下，根据色温变化的规律，红色色温往往偏低，而蓝色色温会偏高，那么受太阳光线照射的区域处于色温较低的暖色调区域，而背光的阴影区域，色温往往会高达 6500K，因此它呈现出的是一种冷色调的氛围。

像这张照片，可以看到，受太阳光线照射的部分是暖色调的，背光的一些区域是冷色调的，画面整体给人的感觉更自然。

这张照片同样如此，高光部分是暖色调的，暗部虽然不是冷色调，但是更加接近于中性色调，画面的色彩层次也会比较丰富。如果将这张照片的暗部也处理为暖色调的，那么画面整体的氛围可能会非常浓郁，但色彩层次就会有所欠缺，画面给人的感觉会并不那么自然。

086 高光部分色感强是什么意思?

关于用光的另外一个技巧——高光部分色感强，暗部色感弱。

首先来看高光部分的色感。我们拍摄风光题材时，通常会有这样一个常识，就是风光照片画面的反差会高一些，饱和度也会更高。如果我们在后期处理时提高画面整体的饱和度，那么画面给人的感觉并不会特别舒服，会让人感觉“油腻”、饱和度过高，但实际上整体的饱和度可能提得并不是很高。出现这种情况的原因非常简单，即我们在提高饱和度时没有分区域。正确的做法是对高光部分提高饱和度，对阴影部分可以适当地降低饱和度，那么画面最终给人的感觉就会比较自然，并且色彩会比较浓郁。

看这张照片，其实画面整体的饱和度并不高，但依然给人色彩非常浓郁的感觉，并且画面看起来比较自然。观察画面的色彩，就会发现太阳光线照射的区域整体提高了饱和度，但是一些背光的区域大幅度降低了饱和度，这样画面整体给人的感觉依然是色彩非常浓郁，但并不会给人“油腻”的感觉。

087 暗部色感弱是什么意思？

想要让照片的色彩浓郁迷人，并不是说要让画面整体的饱和度都很高，这样的画面给人的感觉会非常腻。正确的做法是要适当降低画面暗部的饱和度，让画面暗部的色感弱下来，而中间调及亮部的饱和度则要高一些。下面来看具体案例。

看这张照片，与前一页的照片非常相似，同样是光线照射的霞云部分饱和度非常高，但真正让这张照片色彩“浓郁而不腻”的决定性因素则在于暗部一些背光的区域大幅度降低了饱和度，最终让画面整体显得色彩层次丰富、自然。

4.3 综合用光技巧

088 光感与快门速度的相互关系是怎样的?

大家都说风光应该在黄金时间拍摄，即在日落之前或日出之后的半个小时左右之内拍摄。因为这个时间段太阳光线与地面的夹角非常小，有利于景物“拉出”很长的影子，能丰富影调层次；另外，这个时间段光线的强度比较低，会显得比较柔和，有利于暗部呈现出更多的层次和细节。究其本质，我们可以这样认为，光线的强度决定了我们拍片的时机，在上午、下午或中午光线非常强的时候拍摄，光感特别强烈，画面就会显得不够柔和，艺术表现力会变差。但实际上，如果我们能够在强光的情况下降低快门速度拍摄，也可以让画面得到柔化的效果，拍摄到更具艺术力的摄影作品。

看这张照片，此时太阳光线与地面的夹角已经比较大，光线强度也比较高，从照片当中也可以看到虽然有漂亮的云海，但是云海局部区域受光线照射的部分亮度非常高，而背光部分亮度又比较低，这种大光比的局部就会让画面显得杂乱和生硬。

如果我们降低快门速度拍摄，可以看到一些阴影部分变得更加柔和，画面最终的效果会再次变得漂亮、梦幻。

这个案例比较特殊，没有那么容易理解。拍摄这张照片时，太阳光线的强度依然非常高，此时太阳光线只是稍稍有一些暖，但拍摄时我们借助于减光镜得到了较长的曝光时间，最终拍摄出比较柔和的画面效果。这种在强光下让光线变柔和的方法主要就来源于曝光时间变长，也就是借助于慢门来柔化光线。如果曝光时间非常短，那么拍摄的景物的影子边缘也会非常清晰、生硬；但如果曝光时间变长，那么在这个曝光过程当中，阴影的区域是逐渐变化的。

对这张照片局部裁剪之后，可以看到山体的影子边缘是部分柔化的，那么在整个场景当中，一些非常细小的树木、岩石的影子也会被柔化，画面整体的光线就显得非常柔和。

089 偏振镜与光线方向的关系是怎样的？

拍摄风光题材时，借助于偏振镜（也称为偏光镜）可以提升画面的表现力，得到更好的画面效果。这是因为我们拍摄的自然界当中会存在大量杂乱的反射光线，这种杂乱的反射光线会让整个场景显得雾蒙蒙的，会降低景物的饱和度，并且会让画面显得不够通透。但是将偏振镜加装在镜头前，只允许特定方向的光波透过偏振镜进入相机，就可消除场景当中的杂乱的反射光线，最终可让拍摄出的画面更加通透，景物的饱和度更高。

从图中我们可以看到偏振镜是上下双层的结构，旋转上层可以改变栅格的方向，用于调整可以进入镜头的光波的方向。通常情况下，要在侧光或是斜射光环境当中使用偏振镜，逆光和顺光环境当中使用偏振镜的效果不够明显。

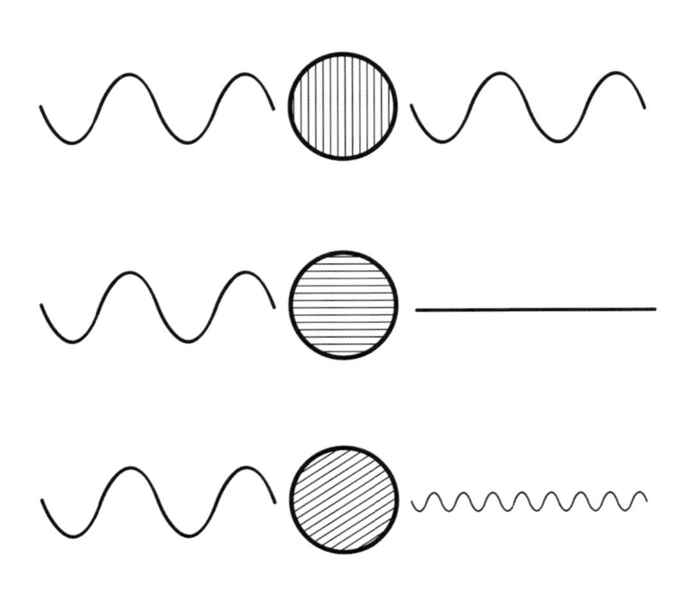

从图中可以看到，改变栅格方向后，会对光波起到一定的限制作用，就可以只允许某个方向的光波透过，一些杂乱的反射光线就会被阻挡。

因为大量反射光线的存在，这张照片中的天空显得发白、发灰，而地面景物的颜色同样如此。

通过使用偏振镜，我们可以看到天空变得更蓝，地景树木的颜色饱和度也变得更高。

090 巴德膜在摄影中的用途是什么？

某些特殊时刻，我们可能需要拍摄光线非常强烈的太阳，像是日食等特殊的天象场景等。但太阳亮度非常高，如果用相机直接拍摄，镜头透镜的聚光作用可能会导致汇聚的太阳光线“烧坏”感光元件。所以通常情况下，拍摄光线比较强烈的太阳时，往往要在镜头前加装减光镜降低光线强度，但如果太阳光线过强，即便我们使用了高倍数的减光镜仍然无法有效地降低太阳光线的强度，无法拍摄出清晰的太阳轮廓。这时就可以使用一种特制的“巴德膜”，更大幅度地降低太阳光线的强度。

在中午拍摄太阳等光线强烈的光源时使用巴德膜可以得到很好的效果，并且非常有利的一点是巴德膜的价格是非常低的。当然，巴德膜的问题也非常明显，它只能在我们拍摄太阳这种强光源时使用，平时我们在拍摄一些普通场景时是无法使用的，它的使用范围不如减光镜的广。

巴德膜

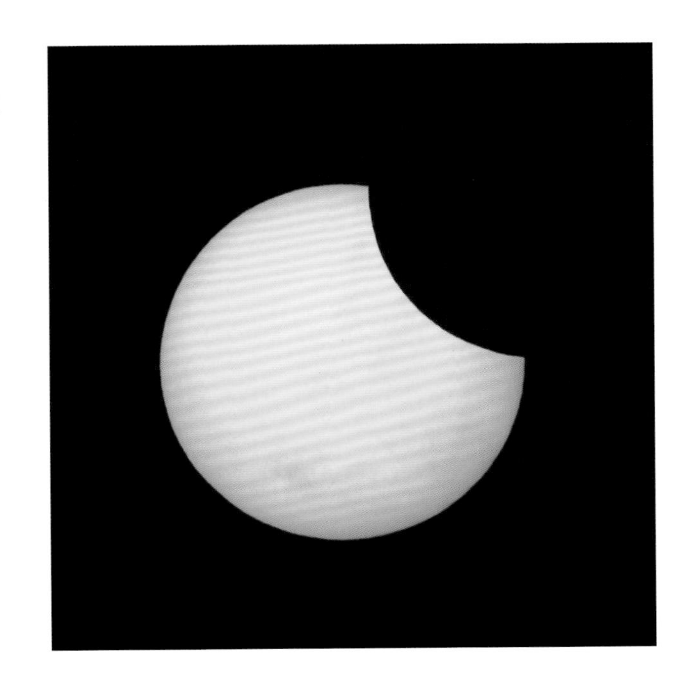

借助于巴德膜拍摄的日食

091 渐变镜与光比的关系是怎样的?

渐变镜可用于调和所拍摄场景当中的大光比，让画面得到更均匀、更理想的曝光。渐变镜一般分为两部分，镜片一半会有可降低通光率的涂层，另一半没有。这样在拍摄明亮的天空和较暗的地景时，将通光率低的一半镜片对着天空，通光率高的一半镜片对着地面，就可以调匀光比，让拍摄的照片画面曝光更均匀，各部分细节都足够完整。

渐变镜实物图

像这张照片，如果没有使用渐变镜而是直接拍摄，那么天空的曝光与地面的曝光无法同时得到理想效果。如果天空曝光准确，地面就会出现大片比较明显的阴影，甚至有些部分会彻底“黑掉”；而如果让地面曝光准确，那么天空就会出现高光溢出。

使用渐变镜，将有涂层的一半镜片遮挡住光线较强的天空，将透光性好、没有涂层的一半镜片对着地面，这样就相当于调匀了场景的光比，再拍摄时就可以让画面整体得到比较理想的曝光。

092 拍星空为什么要使用柔光镜?

星空照片与眼睛直接看到的星空场景的差别是比较大的，曝光合理、对焦准确的无月星空照片当中，星星会非常密集，如果要表现银河等纹理比较清晰的对象，过于密集的星星会干扰到银河的表现力。通常在表现这种题材时，后期要进行一定的“缩星”处理，弱化星星以强化银河纹理。而事实上，对于星星过于密集的问题，前期拍摄时可以使用柔光镜来解决，拍摄之前，在镜头前加装柔光镜，许多比较小的星星就会被“柔化掉”，比较大的星星也会变得看起来比较柔和，画面整体的亮度变得更加均匀，这样有利于凸显银河的结构和纹理，并且星云也会显得更加明显，银河的表现力会更好一些。所以说，柔光镜在星空摄影当中也是比较常用的一种附件。

这张照片便是使用了柔光镜拍摄的，可以看到天空中许多小的星星被弱化，颗粒感下降，天空显得更干净，银河的色彩和纹理更明显，星空有梦幻般的美感。

093 红外截止滤镜与画面特点是怎样的？

当前的数码相机，为了能够正常还原所拍摄场景的色彩，常在感光元件前面加一片滤镜，用于滤除红外线，该装置称为红外截止滤镜。如果没有这片滤镜，那么日常拍摄出的照片都会偏红，这是一种白平衡不准的画面色彩效果。

天空当中许多星云、星系发出的光线的波长都集中在630~680nm，光线本身就是偏红色的。红外截止滤镜的存在会使得这些波长的光线的透过率低于30%，甚至更低，这就会导致拍摄的照片当中星云、星系的色彩魅力无法很好地呈现出来。这也是我们用普通相机拍摄星空，画面很少出现红色的原因。

为了更好地表现星云、星系等的色彩效果，热衷于星空摄影的爱好者通常就会对相机进行修改，称为改机。主要是将机身感光元件，也就是CMOS前的红外截止滤镜移除，更换为BCF滤镜。

改造之后的感光元件可在滤除大量红外线的基础上，对星云、星系所发射的光线感光，让星云等呈现出原本的色彩。

可以看到经过改机之后拍摄的原始照片整体是偏红的。

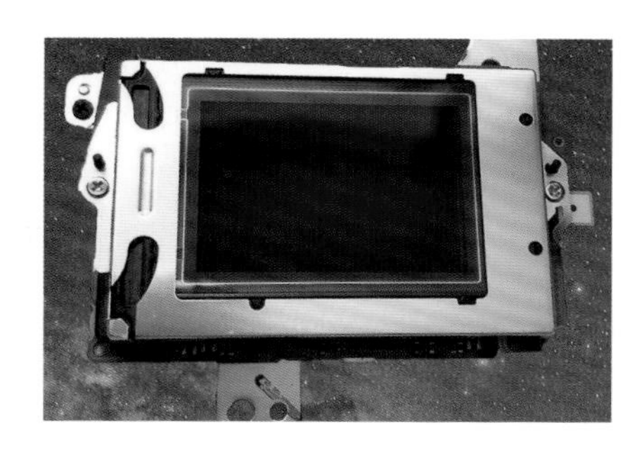

这张图显示的是加装了 BCF 滤镜（改机）之后的感光元件组件。

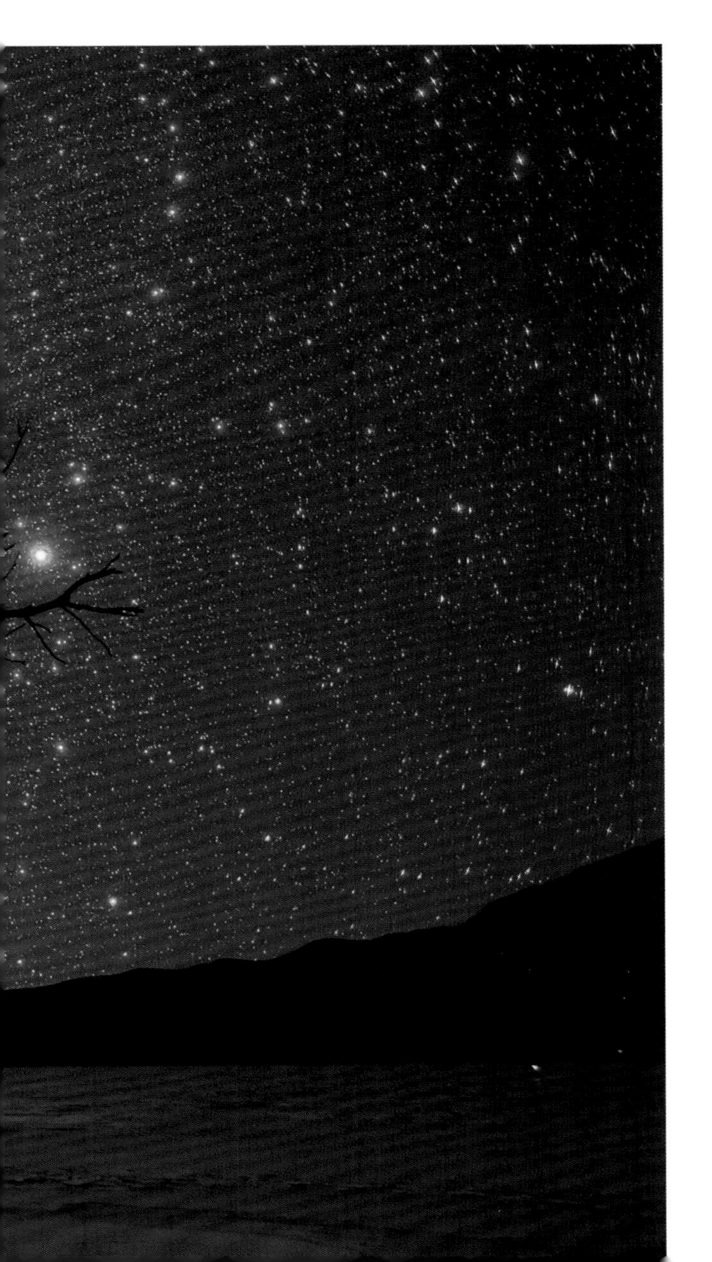

对画面进行白平衡校正，最终可以看到整个星空的色彩大体被校正到了比较准确的色彩，但是色彩比较强烈的红色星云部分被保留下来，这张照片表现的是猎户座的巴纳德环以及周边的一些小的星云。

094 去光害滤镜的用途是怎样的？

随着社会的不断发展、城市化水平的不断提高，光污染也急剧增加。现在拍摄星空时，找到地面光源较弱的拍摄地点已经相对较难。地面光源强烈对星空摄影来说是一场“灾难”，因为地面光源会照亮夜空，让天空中的银河等拍摄对象变得暗淡。这种地面的强烈光线，对于星空摄影来说，是一种光害。所谓去光害滤镜，就是为了滤除光害光线而设计的，在进行星空摄影时，它的功能是抑制背景光从而突出目标天体。

针对光害，去光害滤镜主要分为两类：一类是在城市重度光害环境下使用的 UHC，另一类是在市郊轻度光害环境下使用的 L-Pro。如果从用途来分，一类是适合拍摄发射红色光线的天体以及星云等的 UHC，另一类是适合拍摄全光谱的反射星云、星系、银河等的 L-Pro。

去光害滤镜

095 方形插片滤镜与圆形滤镜的区别是什么？

圆形滤镜使用起来比较方便，直接旋转安装到镜头前端即可使用。方形插片滤镜则要通过滤镜支架安装在镜头上，这样不是很方便，但可以方便我们随时增加或减少滤镜数量。并且方形插片滤镜比较大，不会轻易让照片出现“鬼影”的问题。圆形滤镜虽然比较轻便，使用起来也足够方便，但如果质量欠佳或是调整角度不理想，则容易使照片边缘出现“鬼影”和“眩光”。

方形插片滤镜

第5章

风光摄影用光

本章将从自然风光、植物与花卉以及城市与建筑风光等几个角度，介绍风光摄影当中关于用光的一些技巧。

5.1
自然风光

096 怎样渲染高调雪景的美丽？

相机的测光是以 18% 的反射率为基准进行的。也就是说，18% 是我们常见的自然环境的平均反射率，用相机拍摄出的照片效果也接近于反射率为 18% 的环境效果。如果拍摄的场景亮度非常高，相机会认为曝光值过高，相机内部会自动进行降低曝光值的操作。比如我们在拍摄雪景时，由于反射率非常高，相机会自动降低曝光值拍摄，就会导致拍摄出的雪景亮度偏低，从而导致画面效果是灰蒙蒙的，不够明亮，无法表现出雪景的美感。在这种情况下，就需要摄影师在测光的基础上适当地提高曝光值，让画面还原出真实场景的亮度，也就是用稍高的曝光值，表现出高调雪景的美丽。

在这张照片的场景中，适当提高曝光值拍摄，会让画面整体看起来非常明亮，使现场雪景表现得非常优美。从画面当中可以看到：低照度的光线，在前景当中让雪地表面的一些凹凸纹理拉出了阴影，这样有助于强化雪地表面的质感，让画面整体的视觉效果更好。

当然，在实际拍摄当中，尤其是拍摄这种直射光线下的雪景，应该注意一点：虽然有必要提高曝光值，但也不能提得太高。

实际上，这种拍摄雪景时提高曝光值的操作，也符合摄影曝光创作当中的“白加黑减”，其中，“白加”就是针对这种比较明亮的场景的。

097 怎样渲染弱光夜景的神秘氛围?

“黑减”是指我们拍摄夜景或是一些黑色的对象时，要适当降低曝光值，因为相机对于深色场景会自动提高曝光值拍摄，这样会导致拍摄出的画面效果不够黑，而是灰蒙蒙的。所以拍摄时需要进行“黑减”操作，即拍摄时适当地降低曝光值，以渲染出夜景或是深色场景的氛围，表现出真实场景的美感。

这张照片拍摄的是没有月光照射、漆黑夜晚的星空画面。从照片中可以看到，通过适当地降低曝光值，将整个银河的纹理非常完整地呈现了出来。但是应该注意，如果曝光值降得过多，那么地景可能会有大片区域变得一片漆黑，曝光不足，出现暗部溢出的问题。

在实际应用当中，拍摄这种微光下的银河题材时，由于不容易控制曝光值的降低幅度，通常情况下可以设定 M 模式进行拍摄。并且，有经验的摄影师可能会使用一些固定的参数，比如拍摄这种没有任何光照的银河场景时，光圈通常会设置为 f/2.8 以及更大，快门速度会设置为 30s，感光度会设置为 ISO 4000 及以上，这样可以得到更理想的画面效果。当然，从实拍的角度来说，可能我们还要注意“500 法则”。所谓 500 法则是指：焦距 × 快门速度≤ 500，如果超过 500，则拍摄出的照片中的星点会拖出长长的轨迹，产生拖尾现象，效果也不会很理想。

098 拍雪景时为什么要搭配深色景物？

通常来说，无论是有光线照射的雪景还是散射光线下的雪景，环境的亮度都非常高，为了让画面有更丰富的影调层次和更强烈的明暗对比，大多数情况下都需要借助于一些深色的景物与浅色的雪景进行搭配。所以在取景时，摄影师就应该注意寻找一些深色的景物，从而营造出影调层次丰富的画面。

这张照片的雪景非常优美，画面整体非常明亮。借助于树干的深色以及光线照射的阴影等深色区域调和了画面的影调，最终画面得到了比较好的效果。

099 直射光下拍雪景的画面特点是怎样的?

拍摄雪景时，摄影师可以通过调整取景角度，在画面中纳入一些景物的影子，这样可以使其与浅色的雪景搭配，让影调层次更丰富。这其实与用深色景物来搭配画面是一个道理。

虽然是顺光拍摄，但借助于机位后方景物的影子，丰富和调和了画面，让画面的影调层次显得非常丰富。另外，因为受光线直接照射的雪地部分亮度非常高，所以不能简单、“粗暴”地提高曝光值，否则会导致受光线直射的区域高光溢出。

100 硬光拍摄风景的特点是什么？

拍摄风光题材，整体来看有直射光照射会有更好的效果。因为在直射光下，场景当中的景物会拉出影子，这与光线照射的部分会形成明暗的对比，可以丰富影调层次，并会让画面的整体影调更加分明，给人的感觉和视觉效果更好一些。

这张照片场景中有一种接近顶光的直射光，即便如此，近处的地景以及树木和远处的马群都拉出了一定的影子。可以看到，画面最终的影调层次非常明显，并且具有立体感和空间感。

101 用斜射光拍山的特点是什么？

借助于斜射光拍摄一些比较明显的、有高度的对象，比如山体，可以在山体线条周边营造出丰富的影调，山体的受光部位和影子能够将整个山体的轮廓很好地勾勒出来，最终让画面显得影调丰富，并且具有立体感。

这张照片当中，整个雪山区域的轮廓是非常清晰的，并且影调层次也比较丰富。

102 用侧光拍山的特点是什么?

与斜射光相似，侧光对于景物的影调层次的营造也非常有利，并且其对于画面影调的强化能力更强一些，可让画面当中呈现出的光比更大。但是，侧光对于景物轮廓的勾勒能力会稍差一些。

这张照片当中，受侧光照射的山体上，只有山脊的边缘被照亮，山体的侧面处于阴影当中，画面整体的影调层次非常丰富。

103 什么是日照金山效果?

我们所拍摄的场景当中如果有一些表现力非常强的主体和视觉中心，那么当光线照射到这些视觉兴趣点上时,可以让画面主体和视觉中心变得非常突出，视觉效果非常强烈。

这张照片拍摄的是日出时分的画面，太阳光线跃出地平线、照射到山峰顶端，将雪峰的纹理以及旗云照亮，强化了景物特殊时刻的视觉效果。

104 如何利用光线构建画面?

拍摄风光题材时，太阳光线是一种非常好的可以用于串联画面景物的对象。

像这张照片，较大范围的逆光让太阳及它投射的光线的光感显得非常强烈。这种光线从远至近将整个画面很好地结合了起来，各个区域在光线的串联下显得很有秩序，层次的过渡也比较自然，画面整体显得非常紧凑。

105 云雾对山景有什么作用?

对拍摄自然风光来说，云海和雾景是非常好的气象条件。因为在这种气象条件下，乳白色的云海或是雾气可以与深色的景物相搭配，形成非常自然的明暗相间的层次变化。并且，涌动的云雾也会丰富画面的内部层次，让画面更有看点。

这张照片表现的是夏季长城优美的景色，而远处涌动的云雾，会让画面显得更有意境、更有空间感。

106 拍摄沙漠时阴影的作用是什么？

对拍摄自然风光来说，画面的立体感与空间感是必不可少的，我们以下面这张照片为例，进行具体讲解。

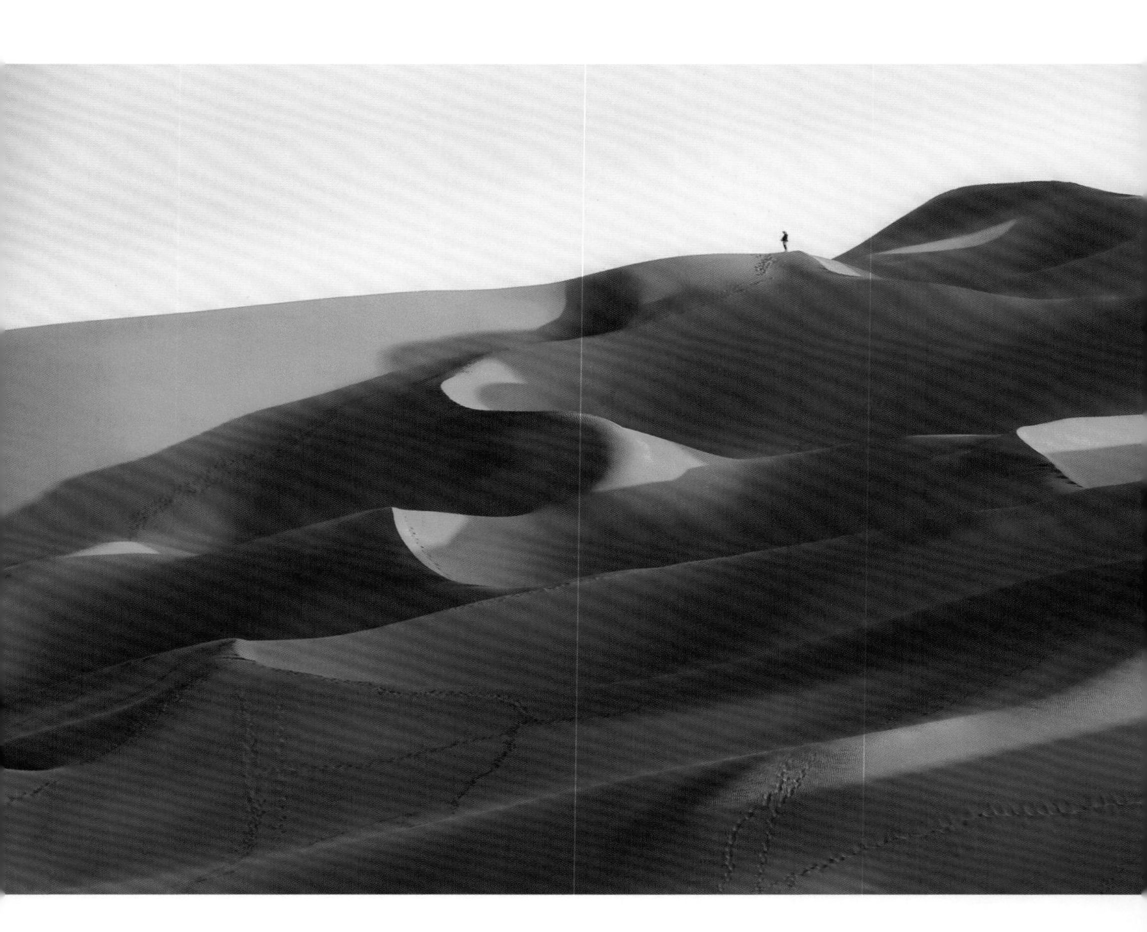

像这张照片，因为拍摄的视角较低，所以没有办法表现出画面较为悠远的意境。但借助于光线的照射，沙脊拉出的阴影与受光面形成了丰富的影调层次对比，让看似元素非常简单的平面呈现出了较好的立体感。

107 散射光下如何丰富照片影调层次?

与直射光下景物丰富的影调层次不同，散射光下的景物主要靠自身的明暗和色彩来营造画面的影调层次，所以在散射光下取景时就应该注意寻找一些明暗变化比较大的景物来构建画面。

作为主体的长城与周边深色的山体形成了一种明暗的对比，而近景的一些泛黄的树木又与冷色调的山体和天空形成了一种色彩的对比。虽然没有直射光的照射，但整个画面依然呈现出了较为丰富的影调层次，并且散射光自身比较柔和，将画面的细节特点也很好地表现了出来。最终画面各区域的色彩和影调都非常丰富，细节也比较完整。

108 如何拍摄波光粼粼的水面美景？

拍摄的场景当中，如果有大片空旷的水面，则有可能会导致水面区域显得空洞和乏味。但是如果有直射光的照射，并且拍摄时间是在早、晚两个时间段，我们就可以进行逆光拍摄。借助于太阳光的照射可以让水面呈现出波光粼粼的美景，从而使画面的氛围更加浓郁，并且水面也不会显得空洞和乏味。

这张照片水面的占比面积非常大，但水面由于霞光的照射水面呈现出波光粼粼的效果，最终整体画面看起来就非常优美了。

109 如何打造日落时冷暖对比的效果?

太阳落山之后，太阳的余晖会照亮天空。当天气晴朗时，太阳余晖的色调可以与地景背光处的冷色调形成一种冷暖的对比，让画面的视觉冲击力变得更强。

太阳落山之后，画面整体的光比变弱，并且天空中残留了一些暖色调的余晖，冷蓝的天空和地景形成冷暖对比的效果，让画面整体的视觉冲击力变得很强烈。当然我们也要注意，要想营造这种冷暖对比的效果，需要让大片冷色调的区域与较少的暖色调区域对比，这是非常重要的，如果暖色调区域过大，则这种对比效果会变弱。

110 怎样为白色溪流搭配景物?

拍摄水景时，水流溅起的水花是白色的，它会与深色的岩石、树木等景物形成明暗的对比，并让画面有丰富的影调层次。如果我们使用慢门拍摄，这些水流还会呈现出丝般的质感，画面会有梦幻的美感。慢门下的水流其实与云海、云雾等拍摄对象有些相似，所产生的视觉效果也比较相似。

将浅色调的溪流与周边深色的树木及岩石等景物搭配，画面的影调层次会比较丰富。

5.2 植物与花卉

111 怎样拍出黑背景的花卉？

让照片中的主体花朵显得明亮，而使背景较暗，是我们经常见到的花卉拍法。要获得这种效果，通常有几种方法。第一种方法，可以携带黑色背景布，拍摄之前将黑色背景布放到花朵后面，然后直接拍摄即可。第二种方法，先选择一个合理的角度，实现从该角度看花朵时，有个较暗的背景，然后采用点测光的方式对较为明亮的花朵部分测光，这样可以进一步压暗背景，最终的效果就是黑背景了。

寻找黑背景，然后设定用点测光或中央重点平均测光对花朵亮部测光，这样可以拍摄出黑背景的照片效果。

112 顺光拍花的表现重点是什么?

顺光下拍摄花卉，可以将所拍摄对象的各个区域都拍得比较明亮，这有利于表现出拍摄对象各区域的色彩和纹理细节。

顺光拍摄，光线充足，花蕊及正在采蜜的蜜蜂的重点部位都非常清晰地显示出来，且画面色彩表现力强。

113 逆光拍花的重点是什么?

逆光下拍摄花朵时，因为花朵自身的花瓣比较薄，所以一般不会拍出剪影的效果，而是会拍出花瓣被光线穿透的透光效果。这种透光会让花瓣自身的色彩、纹理等都显得比较清晰。

逆光拍摄，地黄花的绒毛纤毫毕见。

114 斜射光拍花的特点是怎样的?

斜射光在表现花朵时，能够使整个花朵或是其他拍摄区域表现出丰富的明暗相间的层次，并且在斜射光下拍摄能勾勒出所拍摄对象的轮廓。

葡萄风信子，每一朵小花只有绿豆般大小，近距离拍摄可以放大景物，让你观察到奇妙的微观世界。

115 散射光环境拍花的重点是什么？

散射光其实与顺光有些相似，在散射光下拍摄花朵时，光线会显得非常柔和，能将整个花朵表面的纹理、细节和色彩还原得非常到位。如果借助于长焦镜头拉近花朵拍摄，可以将花朵表面的细节表现完整，并能让整个花朵的花蕊部分呈现出强烈的质感。

在散射光下拍摄，花朵的色彩以及花蕊的纹理都有较好的呈现。

116 密林中怎样表现太阳?

在密林中拍摄，如果直接逆光拍摄，不调整取景角度，那么大多数情况下是无法捕捉到星芒的。所以在确定画面之后，往往需要微调取景角度，让光源从树叶缝隙中透出，这样才能表现出星芒效果。要表现出星芒效果，对于光圈有较高要求，一般来说，光圈设定在 f/10 .0、f/11.0 、f/13.0 左右时，表现出的星芒效果最好。另外，广角镜头表现出的星芒效果往往要好于长焦镜头的。

如果拍摄场景当中树木比较密集，可以通过调整取景角度，寻找太阳光源，营造出星芒，这样也会让画面更有表现力。

117 借助水汽构图的密林有什么特点?

在密林当中，夜晚会有大量的水汽储存，天亮之后温度升高，水汽开始蒸腾。这种蒸腾的水汽会在密林间形成晨雾。如果是早晨拍摄，借助于晨雾表现密林有非常大的优势：其一，晨雾可以与幽暗的密林形成明暗的层次搭配，让画面的层次更加丰富；其二，晨雾可以遮挡住一些深色的枯木和杂乱的枝条，让画面显得更加干净；其三，晨雾可以酝酿出一定的梦幻的氛围；其四，晨雾可以营造出空间感。

这张照片显示的画面，近处没有晨雾，随着道路的延伸，可以看到画面深处出现了大片的晨雾。这种晨雾会给人一种非常强烈的空间感，让人仿佛置身于仙境之中。

118 如何利用烟雾拍出迷人的丁达尔效应？

丁达尔效应是指强烈的光源遇到遮挡物时，遮挡物背后（也就是我们拍摄的环境）的光线会变暗，与强光一侧形成一种明暗的反差，明亮的光线透过遮挡物的边缘照射到阴暗面时，光线照射的路线呈现较为明亮的状态，最终就表现出的效果。丁达尔效应也称为丁达尔光，是一种非常迷人的自然光线。我们在野外拍摄时，尤其是太阳初升时分，夜晚的水汽经过光线的照射蒸腾起来，丁达尔效应会更加明显。太阳升起一段时间之后，随着光线变得越来越强，地面的水汽逐渐消失，丁达尔效应就会变弱。实际上，我们也可以通过一些人为的手段来强化这种光线的效果。

像这张照片，因为拍摄的时间已经比较晚，早晨的丁达尔效应已经逐渐消失。为了强化这种效果，我们就自带了烟饼进行燃放，从而拍摄出这种林间仙境的画面。当然需要注意的是，森林中防火是非常重要的。所以不能使用真正的可燃物，而烟饼这种道具是非常好的选择。可以看到从画面左上方投射下来的丁达尔效应，照射到地面的小路上，会给人宛如仙境的视觉感受。

119 环形闪光灯拍花的优势是什么？

进行微距摄影时，良好的光线是拍摄成功的一个重要条件，闪光灯是微距摄影中较常用到的附件。使用单反相机机顶的内置闪光灯进行微距摄影并不是很好的选择，机顶的内置闪光灯的光线过于单一，并且容易形成强光照射点，会使得画面中被摄对象正对相机镜头的部位过亮而损失大量的细节。辅助微距摄影的照明系统需要采用较专业的闪光灯。专业的闪光系统具有从多角度、不同亮度进行补光的特性，每个闪光灯都具有专属的放置区域，从而可制造出光线均匀的效果。

微距摄影用的闪光灯一般为特制的环形闪光灯，能够从各个角度对被摄对象补光，使景物不留下阴影。环形闪光灯的灯头部件一般是通过镜头前端的滤镜螺口固定在镜头上的。在有些情况下，环形闪光灯也可以通过卡口来安装（类似于为镜头安装遮光罩）。

当环形闪光灯被引闪时，围住镜头的一圈灯管会同时发光，因此光线是呈环状的，而不是像普通闪光灯那样仅由上方或一侧发光。所以，使用环形闪光灯能够有效地消除阴影。

5.3 城市与建筑风光

120 刚入夜时的城市画面是怎样的?

一般来说，日落之后但天色还没有彻底黑下来的这段时间可能只有短短的十几分钟，但却是拍摄城市风光较理想的时间段。因为在这段时间，天空中仍有余晖，呈现出红、橙、黄等暖色调，而地面已经开始变黑，亮起了灯光。最终拍摄的画面当中，城市的灯光与自然界中的太阳光线交相辉映，画面会显得非常漂亮、优美。从另外一个角度来说，此时因为没有光线的直射，整个场景的明暗反差变小，曝光也相对容易控制，地面当中没有光线照射的区域也没有完全黑下来，更容易得到充足的曝光，能确保画面有更丰富的细节。

这张照片当中，天空的霞云非常壮观，而地面的建筑已经亮起了灯光，车灯开始拉出线条，画面的色彩非常瑰丽。

121 城市星轨的画面特点是怎样的?

实际上，对于城市风光并不是只有街道的车辆和建筑可以拍摄，遇到晴朗无云的天气时，在夜晚拍摄城市风光还可以借助于天空当中的星星或月亮来搭配地面的景物，让画面给人一种斗转星移、世事沧桑的心理暗示。

从这张照片可以看出地景当中有现代化的楼宇和有年代感的古建筑白塔，而天空当中则是旋转的星轨，最终画面就会有一种“斗转星移的历史穿越感”。虽然画面的形式不是特别的优美，色彩也稍显杂乱，但画面的主题是非常有意思的，因此画面整体表现力非常好。

122 怎样记录车辆灯光的痕迹?

拍摄夜景时，慢门是必不可少的。因为此时整个场景比较昏暗，如果要设定较低的感光度，为保证画面有较好的画质，就需要使用慢门拍摄。在慢门下，街道上的车辆灯光会拉出长长的线条，交织出一条条如动脉般的城市道路。如果可以将车辆川流不息交织而成的车轨想象成整个城市的动脉和血管，并且串联起整个画面，就非常有意义了。

这张照片表现的是北京城市主干道如丝织般的车流，车轨的效果非常壮观，由近及远分散到城市各处。

123 用月亮衔接城市建筑，画面有何特点？

城市中的建筑有旧有新，有现代化的楼宇，也有数百年历史的古建筑。如果将现代化的楼宇与古建筑搭配在一起，则会有一种穿越历史的感觉，是非常有意思的一种组合。

“中国尊”“国贸三期”以及“新国贸大厦”这 3 座高楼与近处山坡上的“万春亭”形成了一种古今的对比。它们之间通过一轮明月进行衔接，最终画面既有形式感，又非常有内涵。

124 明月与长城搭配的画面有何特点?

在表现一些古建类题材时，与星空、明月等对象搭配是非常好的选择，可以营造出比较特殊的画面氛围。

这张照片表现的是在山峰顶上的长城与一轮明月形成线条与点的对比，让人的脑海中不禁浮现出“秦时明月汉时关”的诗句，会令人感慨“世事沧桑变化，唯有明月依旧”。

125 大厦穹顶的画面有何特点?

在城市当中拍摄一些现代化的建筑与繁华的街道，会使画面营造出一种繁华、时尚的感觉。实际上，我们也可以在一些非常高大的现代化建筑内部，拍摄它的穹顶或其他的局部，从而表现出这些穹顶、局部的光影之美和设计之美。

这张照片拍摄的是一座现代化大楼内部的穹顶，可以看到整个穹顶部分是由多个圆形组成的，环环相套，明暗相间。既有设计造型之美，又有光影对比之美。

126 怎样表现旋梯的光影之美?

实际上，很多高大的建筑内部的旋梯也是很好的拍摄对象。对于旋梯，可以到旋梯底部进行仰拍或到旋梯顶部进行俯拍，以表现旋梯的漂亮造型以及光影和色彩变化。

这张照片就是在高层楼俯拍的，将整个旋梯螺旋状的造型表现了出来，色彩与光影搭配也比较有特点。

127 怎样凸显建筑表面的质感?

借助于光影，可以表现出景物非常强烈的质感。对于光影的要求，大多数拍摄是要有较低的照度的，所谓较低的照度是指光线与景物表面形成的夹角很小，这样景物表面的一些纹理更容易拉出长长的影子。借助于这种纹理表面的影调变化，才能表现出建筑表面更好的质感。

从整体来看，太阳接近于顶光照射，也就是光线与地面的夹角非常大。但如果我们换个角度则可以看到：太阳光线由上向下照射，与建筑表面形成的夹角却非常小，所以建筑表面的一些材质结构和纹理就拉出了很好看的影子，从而表现出了建筑表面的质感。

128 怎样表现建筑线条的美感?

在一些现代化建筑当中，无论是对于穹顶、悬梯还是其他部分，摄影师都可以借助于窗光的照射，表现出建筑线条的美感以及建筑造型的设计之美。

这张照片表现的是北京凤凰国际传媒中心内部的一个区域，在地面上直接仰拍，借助于从室外照射进来的强烈光线，表现出了建筑的造型设计之美与线条之美。

129 如何借助窗光打造强烈的影调对比效果？

对于比较幽暗的室内环境，取景时纳入门窗等区域，室外强烈的光线会通过窗户与室内环境形成强烈的明暗对比。

这张照片中，建筑的外部虽然不是由玻璃制造而成的，但是它有较大的窗户，因此会有强烈的光线由外向内照射进来，与幽暗的室内区域形成强烈的明暗对比。借助于窗光，会让画面有丰富的影调层次；再借助于建筑自身对称的结构，就能让画面变得非常漂亮且层次丰富，表现出了建筑的独特造型之美。

130 怎样表现金光穿孔的景观?

所谓金光穿孔，是指日出或日落时，暖色的光线穿过一些建筑的孔洞，与环境的冷色调形成强烈的冷暖对比，让画面更具美感。

实际上，这张照片表现的场景比较特殊，它是颐和园的十七孔桥。之所以说它特殊，是因为这张照片表现出的金光穿孔的景观，每年只有在特定的时间段才能拍到。在每年的春分和秋分前后一段时间之内，太阳将近落山时太阳光线正好照射进桥洞，暖色调的光线与周边冷色调的水面及天空形成了强烈的色彩对比，从而表现出了光影之美和建筑设计之美。当然，拍摄这张照片还有一个难点，就是近年来随着大家已经熟知金光穿孔的景观出现的时间，所以每年到春分和秋分这段时间的前后，在日落时十七孔桥处会有大量的游人。如何借助于减光镜以及后期的堆栈模式等特定手段来消除照片中的游人，就是比较有意思的。这里提示一下，如果要消除游人，可以借助于减光镜进行长时间的曝光并进行多次的连拍，最后进行中间值的堆栈，这样就可以将游人消除掉。如果不借助于减光镜，直接进行大量的连拍，可能需要拍非常多的照片才能够将游人消除。

第6章 人像摄影用光

本章介绍关于人像摄影用光的技巧，主要包括两个方面：一方面是室外拍摄人像用光的技巧，另一方面是室内棚拍人像用光的技巧。相对来说，室外拍摄用光相对简单，棚拍用光可能会复杂一些，本章将分别进行详细的介绍。

6.1 自然光人像

131 怎样拍出漂亮的发际光?

室外拍摄人像时，逆光是非常完美的光线。因为在逆光下拍摄，画面往往会表现出比较强烈的光影效果，影调层次会非常丰富。并且逆光照射在人物上时，人物的衣服以及头发的边缘会有一些半透明的区域，这些半透明的区域会因为太阳光线的照射产生透光的效果，显得比较亮，会勾勒出人物的轮廓，并且在人物的发丝边缘形成漂亮的发际光。从另外一个角度来说，逆光拍摄时，人物面部处于背光的状态，明暗是比较均匀的，后续只要对人物面部进行补光，照亮人物面部，就可以得到非常漂亮的画面效果，最终让画面具有丰富的影调层次，人物的面部也比较清晰，还有漂亮的发际光，画面整体呈现出一种梦幻般的美感。

逆光拍摄时的发际光，可以看到人物发丝周围有明显的发光效果。

132 怎样拍出漂亮的光雾人像？

逆光拍摄时，如果不使用遮光罩或是让大面积的太阳光线出现在取景范围之内，可能会在拍摄的照片当中形成大面积的光雾效果。这其实与发际光的作用相似，大面积的光雾会让画面产生如梦似幻的效果，与漂亮的人物进行搭配，画面整体效果会非常理想。

E左后方的光源的照射下，画面产生了大面积戋黄色的光雾，让画面显得梦幻、唯美。

133 为什么要使用反光板补光？

逆光拍摄时，画面整体的光影效果非常强烈，而人物的正面处于背光的阴影当中，虽然受光部位和暗部都比较均匀，但亮度不够，所以需要进行补光。通常情况下，比较理想的补光器材是反光板。借助于反光板，可使柔和的光线照亮人物面部，让人物面部呈现出更好的画质和更恰当的亮度。

虽然现场光线不是特别强烈，但仍然可以看出在人物的右后方有明显的照射光源，人物面部处于背光状态，需要借助于反光板进行适当的补光，这样才能够让画面的重点即人物眼睛以及面部有充足的亮度。

134 为什么要对闪光灯的光进行柔化?

我们已经知道了在光线不理想的环境当中或是逆光拍摄时，人物面部受光不够理想，可以借助于反光板实现很好的补光效果。除此以外，我们还可以借助于闪光灯对人物的正面进行补光。大多数情况下，使用闪光灯进行补光时，往往需要在闪光灯上增加一个柔光罩，这样做可以让人物面部看起来更加柔和。如果没有增加柔光罩，直接用闪光灯闪光，强烈的光线可能会导致人物的面部产生一些光斑，并且光线过硬会导致人物面部整体显得不够柔和。

这是在密林当中拍摄的一个画面，因为是逆光的环境，所以人物面部光线不足。在使用闪光灯进行补光时，在闪光灯之前增加了柔光罩。可以看到，虽然人物的腿部、面部等受光部位的光线仍然显得比较硬，但是整体的效果已经可以接受。如果不借助于柔光罩，直接使用闪光灯闪光，则会使人物的腿部以及面部产生一些光斑，画面效果就会不够自然。

135 散射光下是否需要使用反光板？

无论是直射光还是散射光，都会有一定的方向性。直射光的方向性比较明显，而散射光虽然方向性不是很明显，但如果控制不好取景角度，仍然会导致人物面部曝光不够理想，所以需要对人物面部进行补光。

这张照片虽然表现的是散射光环境，但明显光线是由画面远处向近处投射的，这样人物面对相机的一面就会光线不足，不够明亮。因此，在实际拍摄当中，需要使用反光板对人物正对相机的一面进行补光，让这部分有充足的亮度。

136 强侧光拍人像有何特点?

在侧光下拍摄人像时，如果侧光的强度非常高，则会在人物面部以鼻梁线为分界，产生强烈的明暗对比。这种强烈的明暗对比，不利于表现人物面部的柔美和五官的造型，但是强烈的明暗对比和影调层次可以为人物渲染某些特定的情绪，搭配人物特定的表情和动作，可以让画面整体传达出一些与众不同的情绪，让画面变得更加耐看。

这张照片，实际上借助的是街道两旁强烈的路灯光线在人物面部产生了强烈的侧光，最终就让画面当中的人物有了一种与众不同的情绪。这张照片主要想表现的不是人物自身的美感，而是画面整体的情绪和氛围。

137 斜射光拍人像的特点是怎样的？

斜射光非常利于表现所拍摄对象的轮廓，因为它既能呈现出丰富的影调层次，又能在一定程度上兼顾所拍摄对象的表面质感和纹理细节。但实际上，拍摄人像时，斜射光并不常用，因为即便斜射光能够勾勒出人物的面部轮廓，但是它也会使人物面部产生一些强烈的明暗阴影，让人物面部显得不够柔和、不够漂亮。如果这时进行补光，那么人物的眼睛、鼻子下方等一些阴影浓重的区域与周边的区域并不是十分容易调和。所以在拍摄斜射光人像时，大多使用前斜射光来表现人物的面部轮廓，而非表现相对完美的面部轮廓以及表情。

前斜射光的照射让人物面部的轮廓显得更加清晰。

138 如何打造更有神采的眼神光

无论是在室内还是室外拍摄人像，一定要保证人物所面对的方向有一些光源。只有这样，才能够确保最终拍摄出的照片当中人物眼中会出现眼神光。只有出现了眼神光，画面整体才会“活起”来，人物才会显得更有精神。

像这张照片，实际上人物面对相机时是背光的，这种情况如果盲目地拍摄，人物眼中就会没有眼神光，照片就会拍摄失败。

实际拍摄时，在相机周边可以放置一个很小的点光源或是反光板，这样最终拍摄出的照片当中，人物眼中就出现了眼神光，人物就会显得更有神采。

139 林中拍摄人像要注意什么问题?

在窗前或是密林当中拍摄时，取景时还应该注意：一定要避免人物面部产生斑驳的阴影或是窗口的阴影，造成不够干净的光影效果。一旦出现了斑驳的阴影，导致人物出现“花脸”的问题，后续处理就会变得非常麻烦，不仅照片整体会给人不舒服的感觉，而且后期处理的难度也会比较大。

让人物背对着光线，从而避免树影在人物面部产生斑驳的影子导致出现花脸的问题。

140 散射光拍人像的特点是怎样的?

在散射光的场景中，因为没有明显的强光源，所以拍摄出来的照片画面反差比较小，效果比较柔和。

这张照片表现的是在散射光环境当中，人物身穿飘逸的长裙，让人感觉柔和、舒适。

141 如何借助窗光打造人像画面?

在室外拍摄时,逆光是非常完美的光线。而在室内拍摄时,如果是要在自然光下拍摄,那么窗光是较佳选择,借助于窗光，可以打造出非常完美的室内人像。窗光的方向性很明显，有助于让画面呈现出非常明显的光影效果，并能丰富画面的影调层次。另外，经过玻璃或是窗帘的“过滤”，窗光会变得更加柔和，有助于让人物以及整个画面表现出更多的细节和层次。当然，选择窗光时也会有所讲究：如果是朝南的窗户，有直射光照射时窗光就会比较强，则更有利于营造一些侧光的人像效果，以及表现一些特定的情绪和氛围；而如果是朝北的窗户，入射的光线是散射光，就会更有利于表现人物优美的身材以及面部五官等。

这张照片当中，窗户是朝南的，光线非常强烈。由于人物身穿纱质的衣服，再搭配纱质的窗帘，就形成了一种“魅惑”的情绪和氛围。

142 为何要避免服饰与环境过度相近？

室外拍摄人像，在选择衣服和拍摄场景时，一定要提前做好准备。要避免服饰的色彩和明暗色调等与环境过度相近，否则拍摄出来的照片往往不利于突出主体人物，画面效果可能不会特别理想。

整个背景与人物服饰的色彩和明暗色调都有些过于相近。因此只能采用大幅度虚化背景的方式来突出主体人物。

143 强光下戴帽子拍摄有什么好处？

与风光题材不同，风光题材可能更侧重于在早、晚两个时间段进行拍摄，但是人像摄影即便是在中午也可以拍摄，因为人像摄影更追求光线的通透和干净，对于光线的色彩没有太大要求。如果在接近中午或是中午进行拍摄，可能是一种顶光的环境，在这种情况下，在室内或是密林当中拍摄会有更好的效果。如果无法遮挡强烈的顶光，可以让人物戴一顶有大帽檐的帽子或是使用遮阳伞，遮挡强烈的顶光，从而让人物的面部有更均匀的光影，呈现出更为完美的面部五官和表情。

这张照片的拍摄场景是顶光环境，为了避免人物鼻子以及眼睛下方产生浓重的阴影，所以让人物戴了一顶遮阳帽，再对人物面部进行补光，最终就得到了非常完美的效果。

6.2 闪光灯

144 什么是闪光灯跳闪?

跳闪是外接闪光灯的一种常用的拍摄手法，区别于闪光灯的光从水平方向直接照射被摄主体，跳闪是不将闪光灯的光直接打到被摄主体上，而是把光打在被摄主体头顶的天花板或者四周的墙壁上，原本闪光灯发出的光打在墙壁上后分散开来再照射在被摄主体上，也就是利用了光的漫反射原理来照亮被摄主体，使光线变得更加柔和，从而得到更自然的补光效果。

外接闪光灯的灯头是可以通过旋转来调节光的照射方向的。

跳闪时闪光灯的朝向是比较自由的，并没有固定的方向，主要是面对墙壁或其他反射面进行闪光，从而让画面产生更自然的补光效果。

145 什么是离机引闪？

所谓离机引闪是指将外接闪光灯放在相机之外的某个位置，在相机的热靴上安装引闪器（需要单独购买），拍摄时利用相机上的引闪器来控制闪光灯进行闪光。引闪器控制外接闪光灯闪光的方式主要有 4 种。

（1）引闪器有信号线连接外接闪光灯。采用这种方式拍摄，引闪成功的概率基本可达 100%，但因为有线连接，所以使用起来不是很方便，并且只能 1 根线控制 1 个外接闪光灯。

（2）拍摄时引闪器发出红外线控制外接闪光灯闪光。采用这种方式拍摄，引闪成功率稍低，因为红外线可能会被某些障碍物阻挡而造成引闪失败，但使用起来比较方便，并且 1 个引闪器可以控制多个外接闪光灯同时使用。

（3）拍摄时利用内置闪光灯的光线对外接闪光灯进行引闪。采用这种方式，外接闪光灯容易被外界光线干扰造成引闪失败。

（4）使用无线电引闪。无线电基本不受障碍物阻挡，信号传播距离远，几乎没有漏闪现象（最新的无线引闪器能够提供 32 个通信频道，无线引闪距离在普通模式下就可达 500 米左右，在远程模式下可达到将近 1000 米），但是采用这种方式引闪的成本很高。

室外拍摄人像，使用离机引闪的方式拍摄，可以营造出非常实用且漂亮的光影效果，并能让画面的空间感增强。

146 什么是高速同步与慢门同步?

在使用闪光灯拍摄一些弱光环境下的人像甚至是夜景人像时，如果直接闪光，快门速度一般会被限制在1/60~1/320s（也有部分最高速度为1/200s）的范围内（因为相机的高速闪光同步范围一般被限定在这个时间段），这样在很短的时间内曝光完成就会造成背景曝光不足，而主体人物曝光正常的现象，画面显得比较生硬。在这种情况下，可以使用慢门同步的方式拍摄，即设定更慢的快门速度，如1/15~1s这个范围，那么可以让背景有更充足的曝光量，最终此时可以发现除主体人物较亮之外，原本较暗的背景也变亮了。这也就是通常所说的慢门同步闪光。

慢门同步拍摄夜景人像，可以看到背景也得到了足够的曝光量，画面整体的明暗就更均匀了。

6.3 棚拍用光基础

147 棚拍时背景如何选择？

影棚人像摄影的背景多数以简洁、干净的纯色背景为主，这样可以方便后续抠图，以进行下一步的照片合成等操作。大多数情况下，影棚人像摄影的背景以黑、白、灰等单色背景为主。在这些纯色背景的基础上，摄影师可以根据画面的需要，营造光的氛围。

当然，纯色背景并不是全部，摄影师还可以根据画面要求“量身定做”特殊背景。例如没有过多后续抠图要求的婚纱摄影或者写真摄影，可以使用一些实景喷绘的背景，以便在影棚中营造更多的环境氛围。用实景背景是一种很经济的做法，可以在室内营造出外景的效果。

在室内利用纯色背景拍摄人物写真，非常便于后期对人物进行抠图，以进行后续的应用。

拍摄穿着白色衣物的人物时，为了方便后续的抠图操作，黑色背景就是必不可少的了。

拍摄一些带有图案甚至是道具的室内人像，更多的目的是呈现人物的肢体、动作及表情等，而不是为了后续的商业应用等。

148 棚拍时的相机参数如何设定?

对于在影棚内拍摄人像，一般情况下相机参数的设定是有规律可循的，这里总结了常用的一些相机参数设定技巧。

（1）用较低的感光度拍摄。

在室内拍摄时，为了达到较完美的画质、较真实的颜色、较逼真的质感，并减少噪点对画面的影响，摄影师大多会选用较低的感光度来拍摄。建议拍摄时的感光度不要高于 ISO 200，至于具体是 ISO 50 还是 ISO 100，那倒没有太大区别。

（2）常用光圈和快门速度组合。

棚内拍摄，即便没有任何虚化，干净的背景也不会对人物的表现力造成干扰；另外，还要尽量避免人物发丝部位出现虚化，所以建议棚内拍摄时的光圈的设定以中小光圈为主，光圈范围大多为 f/5.6 ~ f/16.0。至于快门速度，设定为 1/60 ~ 1/500s 就可以了。

用小光圈拍摄，确保照片中人物面部及发丝等部位都有足够高的清晰度，这样照片会更利于后续进行商用等。

149 棚拍时如何呈现准确的色彩?

白平衡设置得正确与否，是能否得到一张色彩还原准确的数码照片的关键，如果仅用自动白平衡模式来进行人像棚拍，相机在拍摄时受造型光、环境光的影响，可能会出现色彩还原失真的问题。如果用白平衡选项中的闪光模式，仍然有可能出现偏色，因为基本目前市面上的闪光灯在实际输出闪光时，色温与闪光模式对应的 5500K 有着不同程度的偏差。大多数进口闪光灯的色温为 5600K 或者略微偏高 200 ~ 300K，而多数国产闪光灯的色温为 4800K 左右。

采用自定义白平衡（手动白平衡），可以拍摄到色彩还原非常准确的室内人像照片。

在拍摄前调整白平衡，有两种常用方法：一是用相机的自定义白平衡功能，在主体位置拍摄标准灰卡来自定义白平衡；二是提前用可测闪光色温的色温表测定色温。

当然，我们经常会在后期处理时调整白平衡，非常好用的方法就是拍摄时在环境中放一张中性灰卡，采用 RAW 格式拍摄。在后期调色时只需要用白平衡吸管点一下画面中灰卡的位置，就可以校正同一批照片的白平衡了。

灰卡、白卡与黑卡

色温表

150 影室灯的分类及特点是怎样的?

影室灯有持续光灯和闪光灯之分。持续光灯历史较悠久，最早的持续光灯是白炽灯，色温大约在 2800 ~ 3200K，功率从几百瓦到上千瓦不等。近年出品的高色温冷光连续光灯，色温约在 5600±1000K 的范围内。持续光灯的优点是可以长时间照明，可自由设置需要的拍摄时间或者镜头光源。

现在影棚内使用较多的是室内闪光灯，其更适合在瞬间进行抓拍，并且闪光的强度很高，这样拍摄出的画面会更加通透、干净。这种闪光的色温范围约为 4800 ~ 5900K，因为与闪光灯白平衡的色温有一定偏差，所以为了获得更准确的色彩，建议拍摄时一定要拍摄一张带有灰卡的照片，用于后期校正色彩。

借助于旋钮进行功率调整的影室灯

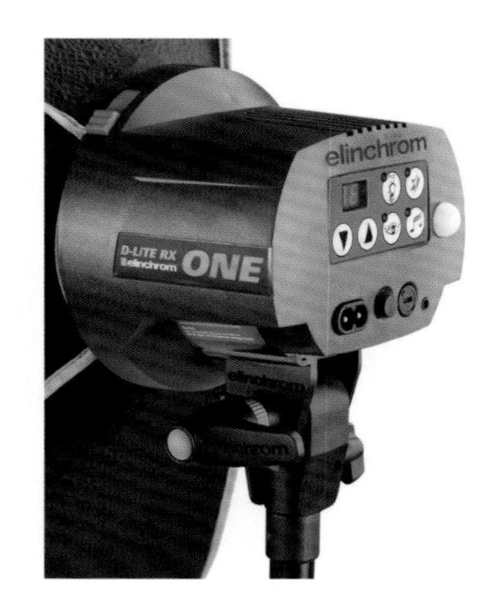

数字调谐式影室灯

151 棚内有哪些柔光附件?

1. 柔光箱

柔光箱其实就是便携式的小柔光屏，装在闪光灯灯头上使用。柔光箱与光源距离固定，距离被摄物越近，光线越硬；距离被摄物越远，光线越柔和。此外，柔光箱面积越大，柔光效果越好，光线亮度越均匀；柔光箱面积越小，柔光效果越差，光线亮度越不均匀。

常见的柔光箱有四边形柔光箱、八边形柔光箱等。

2. 柔光柱

柔光柱也是柔光箱的一种，只不过它一般是落地式的，一般有 2 米左右高。柔光柱的特点是可以把模特儿从头到脚均匀照亮，所以在时装摄影中经常用到。

柔光柱

3. 反光伞

反光伞是一种携带方便的反光式柔光设备。根据对强度和色彩的需要，反光伞有乳白色、银色、金色等内反射伞面。乳白色的内反射伞面反射出来的光线比较柔和，无色彩偏移；而金色和银色的内反射伞面反射出来的光线比较硬，前者色调偏冷，后者色调偏暖。

反光伞

152 什么是主灯与辅助灯?

主灯是指摄影布光时的主光源，辅助灯则用于对主灯照射出的一些阴影和背光部位进行补光。主灯会使主体产生高光与阴影部位，并且明暗反差很大，这对于表现人物面部细节是不利的，阴影部位比较暗，许多细节无法表现出来，因此也需要使用一些辅助灯对主灯照射出的阴影和背光部位进行补光。辅助灯主要用于对主体的背光部位补光，但应注意辅助灯的照明效果不能强于主灯的效果，否则会使现场光线混乱，无法分出主次。

如果辅助灯的功率与主灯的相同，则照明效果也会一样，这样人物的面部就不再有阴影存在，也没有影调存在，画面也就失去了轮廓感与立体感。辅助灯功率应低于主灯功率，例如主灯功率为 800W，则辅助灯功率应为 500W、400W 等，这样才能得到更具立体感的画面。如果主灯与辅助灯功率相同，则可以在辅助灯前加上减弱照明效果的毛玻璃、玻璃纸等道具。

主灯在画面右侧，是主光源，辅助灯由左侧对人物背光部分进行补光，从而营造出层次丰富且明暗反差适中的画面效果。

153 什么是轮廓光？

轮廓光是指由拍摄场景远处向机位方向照射的光线，能产生逆光效果。

人像摄影中，轮廓光主要用于勾画人物轮廓。当主体和背景的明暗程度及色彩相差不大，融合度过高时，借助轮廓光可以分离主体和背景，从而让主体更加醒目和突出。

轮廓光经常和主光及辅助光配合使用，以使画面影调层次富有变化，增加画面的美感。

照片中人物侧后方的轮廓光照亮人物后方轮廓，从而使人物不会过度融于后方的深色背景，显得人物轮廓更清晰。

6.4 三大主流棚拍布光方式

154 蝴蝶光布光法的特点是怎样的？

蝴蝶光布光法也称派拉蒙式布光法，是美国好莱坞电影厂早期在影片或剧照中拍女性影星惯用的布光法。蝴蝶光布光法是主光源在镜头光轴上方，也就是在人物脸部的正前方，由上向下从 45° 方向将光投射到人物的面部，在鼻子下方投射出阴影，似蝴蝶的形状，给人物脸部带来一定的层次感。

用蝴蝶光布光法拍摄的人像照片。

155 鳄鱼光布光法的特点是怎样的?

鳄鱼光布光法实际上是从蝴蝶光布光法衍生出来的一种布光方法。棚拍人像的布光方法是多种多样的，较简单的是利用双灯，从人物前方两侧 45° 角位置，使用大型的柔光箱照射过来，进行均匀的照明，这种布光方法俗称鳄鱼光布光法。这种布光方法非常简单、实用，光线明亮、均匀，适用性极广。

用鳄鱼光布光法拍摄的人像照片，双灯从人物左右两侧前方照射，让人物正面获得比较均匀的光线。

156 伦勃朗布光法的特点是怎样的?

摄影讲求唯美情调的刻画，人物的用光、姿态和神情都需要实现、相互和谐、融洽。较为经典的布光方法是伦勃朗布光法，它一般是使用 3 盏灯进行布光，包括主光、辅助光和背景光。主光从人物前侧 45° ~60° 的方向照射下来，让人物鼻子、眼眶和脸颊形成阴影，而在颧骨处形成倒三角形的亮区，形成侧光的立体效果；辅助光安排在与主光相对的方向，亮度大约是主光的 1/4~1/8，作用是为阴影部分补光；背景光则是用于照亮部分暗黑的背景，突出装饰效果。

伦勃朗布光法其实是模拟自然光中的侧光立体效果，我们也可以通过在自然光下拍摄时调整人物与阳光的角度，得到相似的效果。

用伦勃朗布光法拍摄的人像照片。

第7章 静物与商品摄影用光

本章将介绍一些常用的静物与商品摄影的用光技巧。

7.1
一般静物

157 窗光静物的特点是怎样的?

在室内拍摄静物类题材时，如果没有一些特殊的灯具或是补光设备，借助于窗光直接进行拍摄也是比较好的选择。需要注意的是，要为所拍摄的对象准备干净的底面和背景，然后使窗光照射拍摄对象，并借助于窗光的照射线路来组织和串联所拍摄的各种不同对象。这样既可以拍出非常干净的画面，又可以让不同对象之间有很好的明暗过渡和衔接，画面会显得比较紧凑。

TIPS

在拍摄之前，应仔细清洁商品，避免商品表面有灰尘及污迹。

清楚展示商品吸引人的地方。

背景应该干净，最好用黑底或者白底背景。

找寻适当的光源角度与光源亮度，适当使用闪光灯。

若为同一系列商品，则应一次拍完，以免光线有太大区别。

这张照片表现的就是借助于窗光拍摄的高脚玻璃杯和盘中的水果。可以看到，画面的影调层次非常理想，当然在拍摄时是借助了纯黑色的背景，最终得到了比较干净的画面效果。因为拍摄时使用的窗光并不算很亮且又是纯黑色背景，所以实际上是设定了低感光度，并借助于三角架设定了比较低的快门速度，才完成了这次拍摄。

158 生活中有哪些静物可拍？

在生活当中，可能书桌边的图书、灯具、笔筒，甚至是电脑、鼠标等都是可以拍摄的对象，只需要将要拍摄的对象处于一个相对比较干净的环境，有明显的光源照射，往往就能拍摄出富有艺术气息的画面。

像这张照片，借助于上方的照明灯，拍摄桌子上的青瓷花瓶。可以看到，画面光影层次丰富，并将花瓶自身的线条表现得非常清晰，画面的表现力也就变得非常强。

7.2 商品

159 怎样拍出商品倒影?

拍摄一些商品时，如果要拍出倒影，可以借助于倒影与真实的对象形成虚实的对比，以及对称式的构图，让画面变得更有看点、层次更加丰富。要拍出倒影，往往需要使用玻璃底面或是一些光滑的塑料底面。拍摄时将相机尽量靠近底面，这样拍出的倒影就会非常清晰，让人几乎无法分辨倒影与实际商品的差别。

借助于光面的桌子放低相机进行拍摄，将倒影拍摄得足够清晰，与真实的对象形成虚实的对比，可丰富照片层次结构。

160 用黑布遮挡背景布两侧有什么好处?

在影棚或柔光箱里拍摄一些小型的商品或是物件时，如果选择用黑色背景拍摄，建议用黑布或是黑色的纸板等遮挡一下黑色背景两侧的入射光，这样能避免两侧一些杂乱的光线照射到被摄物体上产生杂乱的光斑，并可以避免杂乱的光照射到背景上，导致背景泛灰。这样最终能让拍摄出的照片当中的景物看起来更加干净，光线变得更加纯粹。

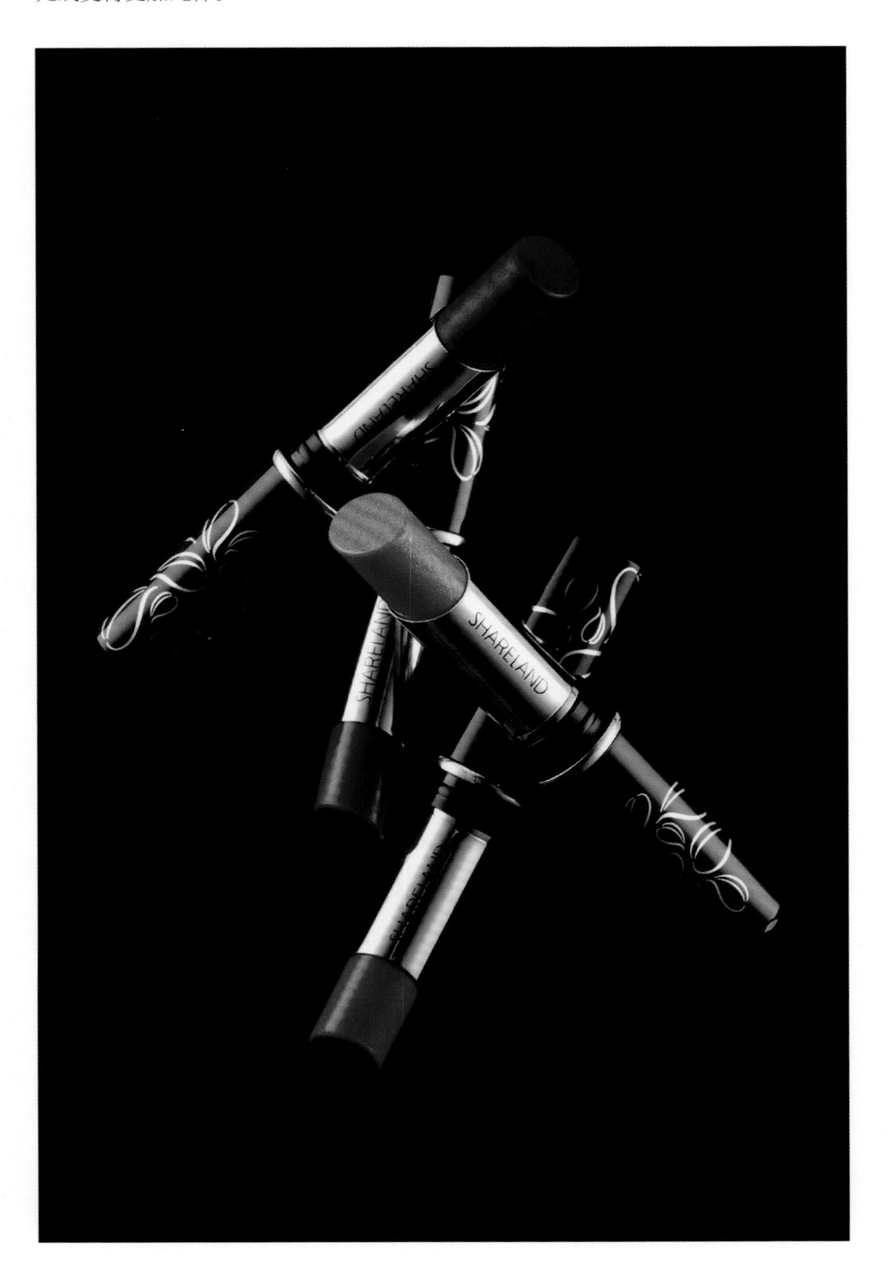

像这张照片，拍摄时选择的是黑色背景，在黑色背景的两侧分别用黑色的绒布制作了两个遮光的挡板，挡住背景两侧一些杂乱的光线，拍摄出的商品光影看起来非常干净、纯粹。

161 侧光拍摄商品的优点是什么？

如果要强化画面当中拍摄对象的立体感，布光时借助于侧光，可以营造出非常丰富的光影层次，画面的立体感也会变得非常强。

像这张照片，主要的照明灯的光从画面左侧向右侧照射之后，景物产生了明显的阴影，这种丰富的影调层次可以让画面产生立体感和空间感。

162 拍商品时如何使用辅助光？

在拍摄商品的详情照时，可能会借助于多角度的光线将商品各个面都非常好地表现出来，以表现出更完整的细节和内容信息，对于影调层次没有太多的要求。但如果要拍摄多种商品的组合，可能还需要强调画面的立体感，这时就需要在布光时让现场产生光比，借助于丰富的影调让画面显得更加立体。让现场产生光比的方法其实非常简单，如果使用的是不可调功率的照明灯，在拍摄时可以让一盏灯距离商品近一些，另一盏灯距离商品远一些，这样会产生一定的光比。也可以在相同距离下让一盏灯没有遮挡，另一盏灯借助于白色的纸张或是纱布等进行遮挡，这样也会产生一定的光比。还有一种方法是主灯用聚光灯，辅助灯则用柔光灯，这样也会产生一定的光比。

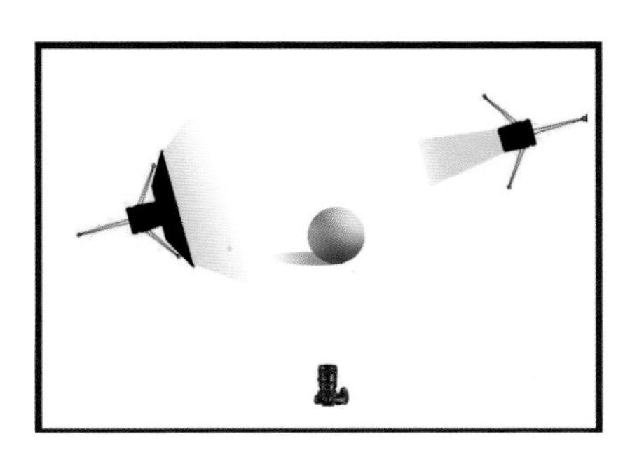

从上图可以看到：右侧的灯为主灯，产生的是聚光的效果，亮度非常高；左侧的辅助灯产生的是柔光的效果，亮度要低一些。此时所拍摄的对象上就会存在明显的光比，但阴影又不会显得特别重。

这张照片拍摄的是日用品，从照片中可以看出，右后方的灯光明显更亮，而左侧的灯光的亮度要低一些，这就会让画面产生一些比较明显的影调变化，让所拍摄的画面显得有立体感。

163 为什么说拍商品要有充足的光线？

光线不足容易曝光不足，提高感光度拍摄画质会变差。

拍摄一些静物或者商品时，一定要有充足的照明光线，并且应适当提高曝光值拍摄，最终得到曝光充足的画面，这样有助于在后期处理时得到更为细腻的画质和完整的细节。如果曝光值不够，后期提亮画面之后画质可能不会特别理想。

为防止出现高光溢出，压低曝光值拍摄。

后期提亮照片的效果。

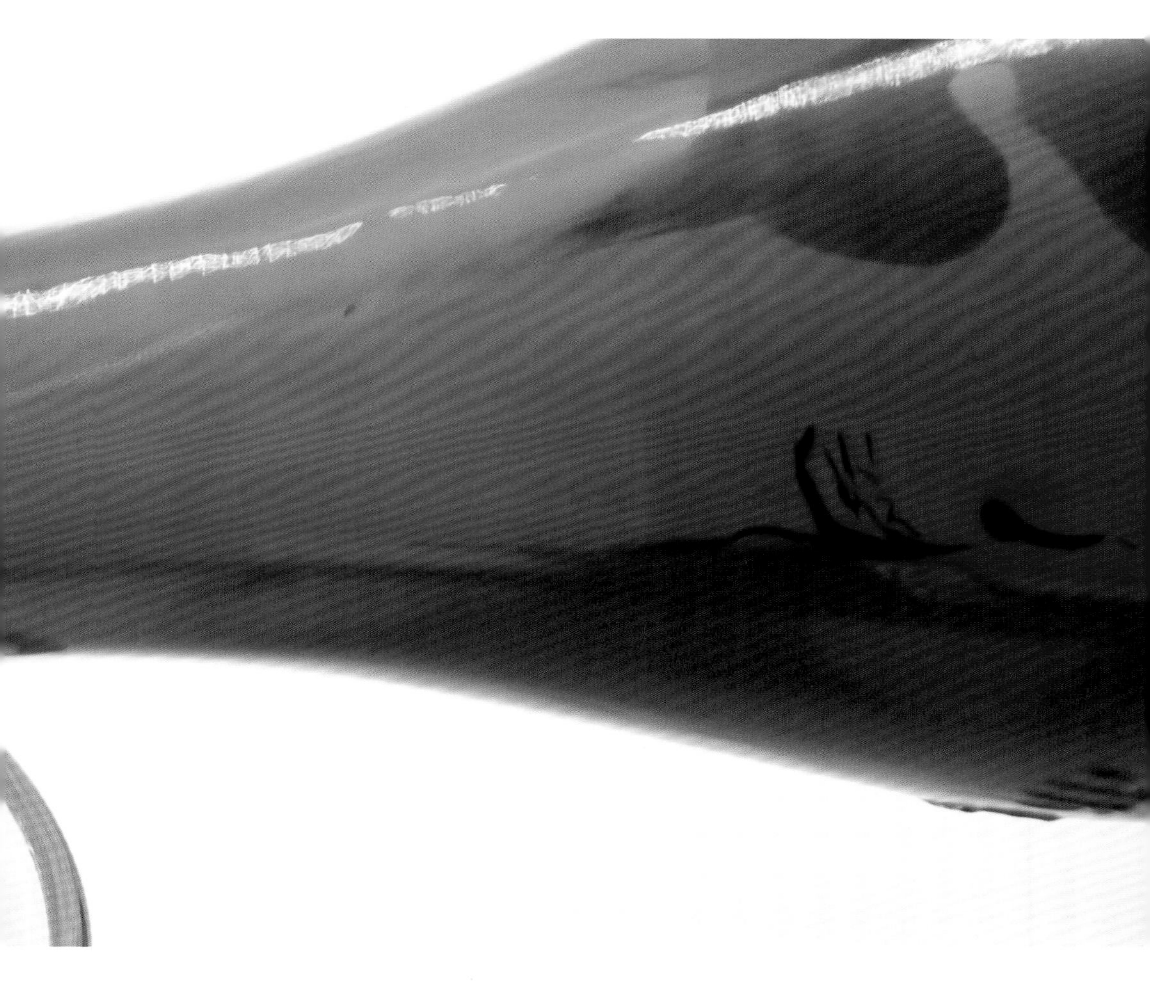

局部放大效果。

第一张照片是拍摄的原始照片，可以看到，为了防止照片产生一些太“硬”的光斑，所以降低了曝光值拍摄，但是这就会导致画面整体偏暗。在后期进行了提亮，在原始尺寸下画质没有太大影响，但如果我们放大照片，就会发现照片局部产生了非常严重的噪点，效果不是特别理想。所以说在拍摄的前期就要做好充足的准备，让所拍摄场景的光线更明亮一些，画面的曝光值也要更高一些。

164 拍商品时如何避免商品表面产生“死白”的光斑?

拍摄静物或商品时，要注意尽量不要让商品的表面产生较大的、“死白”的光斑，这会让画面显得非常粗糙、不够细腻，会“拉低”所拍摄商品等的档次。一般来说，需要在光源前加装柔光罩，通过柔光罩的作用“打散”光源，让光线显得非常柔和，这样就可以避免在所拍摄商品等对象上产生“死白”的光斑。

原尺寸照片。

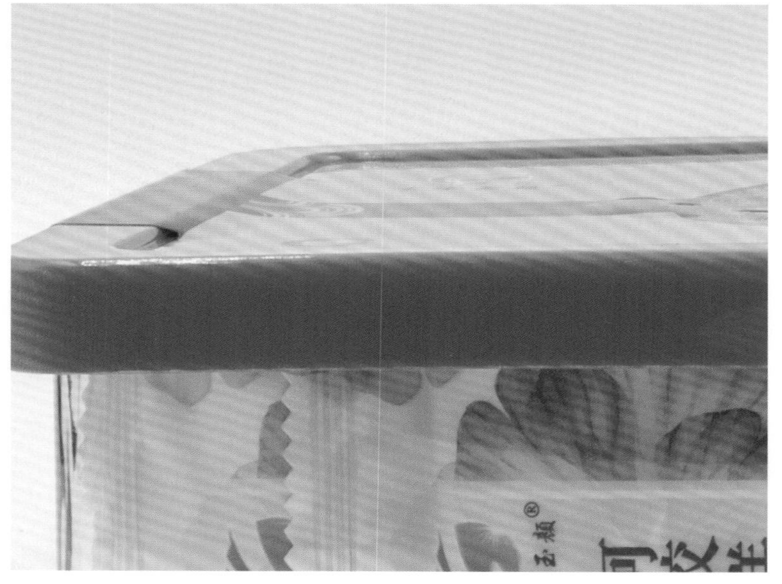

局部放大效果。

观察原尺寸照片，整体来看各部分亮度非常均匀，并没有太过明显的瑕疵。但放大照片之后就可以看到，盒子的左上角边缘部分实际上是有一定的光斑的，这就是一种瑕疵。在网络上展示这种照片时，一旦有局部的放大图，就容易将这种光斑显示出来。这会让商品的细节表现力大打折扣。所以说拍摄时，对于这种光滑平面的商品，一定要借助于柔光罩拍摄。

165 用柔光箱拍摄商品的特点是什么？

拍摄商品并不一定必须借助于专业的影棚。如果是一些小型的商品，从节省成本的角度考虑，用户可以购买一些 60cm × 60cm、80cm × 80cm 甚至是 120cm × 120cm 的柔光箱进行拍摄。

所谓柔光箱，其实是一种顶部四周有 LED 灯的小箱子，箱子的各个内面一般是反光性非常强的银色反光面，灯光照亮之后，借助于反射光可以营造出各个角度光照都非常均匀的画面效果，这在拍摄一些 360° “无死角”的商品外观照片时非常有用。

将要拍摄的商品装入柔光箱，直接拍摄即可。

拍摄这张照片时，光源在柔光箱上方的四周，而箱体内面（包括底面）会有一定的反射光，也可以为一些阴影部分补光，这样就拍摄出了从各角度看都没有明显阴影的照片。

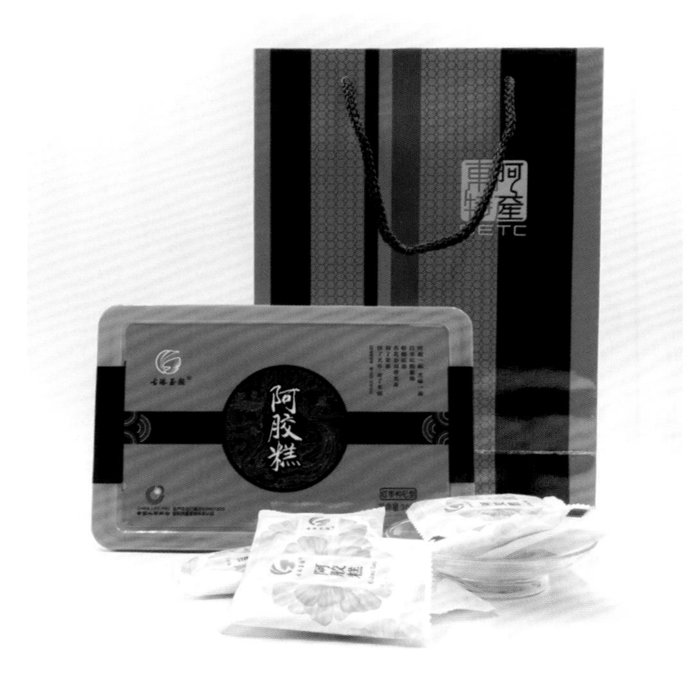

当然，借助于柔光箱以及一些恰当的遮光设备，也可以拍摄出一些影调层次比较丰富的画面。比如我们可以用一些纱布或是纸张对某一侧的 LED 灯进行遮光，这样就会产生明显的光比，从而拍摄出影调层次更加丰富、画面更加立体的照片。

166 商品与背景有什么搭配技巧？

一般情况下，在影棚内拍摄，应该多准备一些深色以及浅色的背景布和背景纸，这样可以方便针对不同的拍摄对象来搭配背景。通常情况下，拍摄浅色的对象适合用深色的背景搭配；拍摄深色的对象则可以用浅色的背景来搭配。这样搭配画面效果会更加协调，所拍摄对象的表现力会更好一些。

图中显示的是白色的背景纸。

这张照片中的化妆品的包装是深红色的，因此选用了浅色的背景来衬托，这样照片中化妆品呈现出的视觉效果会更好一些。

这张照片表现的是一种食品的原材料，因为拍摄对象是白色的盘子和浅色的核桃，所以用深色的背景来衬托，也会得到比较好的效果。

当然，深色配浅色或浅色配深色并不是仅有的选择，用户也可以根据实际的设计需求和不同的创意思路进行合理的商品与背景的搭配。

像这张照片，就用与商品包装为同色系的背景来搭配商品，从而营造出非常协调的视觉感受。

第8章 后期光效

在拍摄前期，对曝光的控制以及现场的光照条件都会对照片的光影效果产生较大影响。本章我们将介绍如何在后期软件当中通过后期的调整，重塑画面的光影效果，从而带来与众不同的视觉体验，提升照片的表现力或是改变照片的影调效果。

8.1 常见的光效后期优化技法

167 如何增强反差强化光感?

如果照片灰雾度比较高，通透度不够，也就是反差比较弱，则照片给人的感觉可能是光感不够。这种情况下，可以通过提高画面的对比度（增强反差）来强化画面的光感。但实际上强化光感时，并不是简单提高画面的对比度就能够解决一切问题的，还需要进行一些相关的辅助调整，这样才能够让画面整体得到更自然、更真实的效果，并强化出更丰富的影调层次和更强的光感。

下面来看具体的案例。

这是原始照片，可以看出照片灰雾度比较高，不够通透。

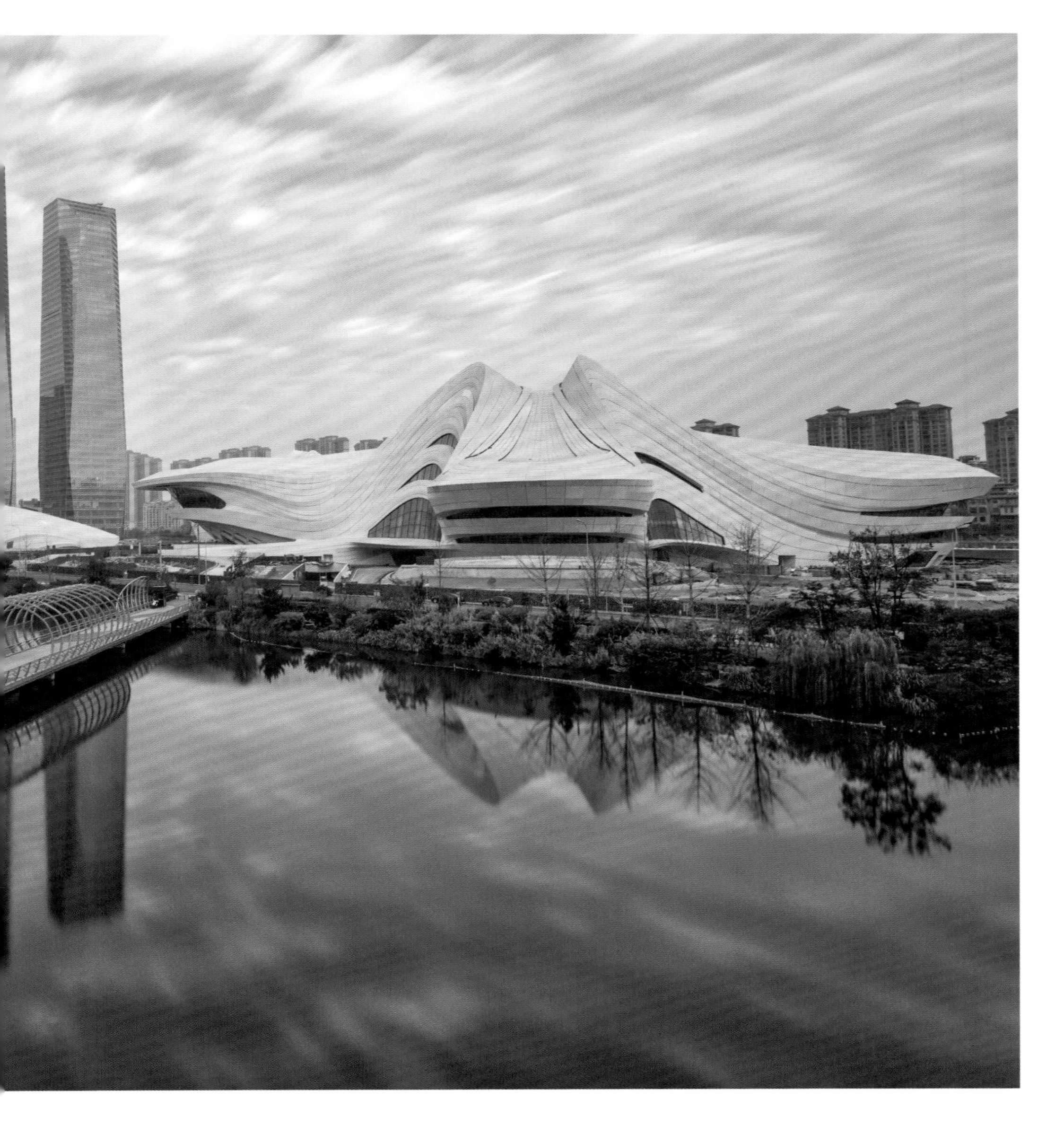

提高画面的对比度之后，反差变强，画面变得通透了一些，并且有了一定的光感。

下面来看具体的处理过程。

首先在 Photoshop 当中打开原始照片，在图层面板下方单击“创建新的填充或调整图层”按钮，在打开的菜单中选择“曲线”，这样可以创建一个曲线调整图层，并打开曲线调整面板。

在打开的曲线调整面板当中，首先我们观察曲线的右上方和左下方。在直方图波形没有覆盖的区域，拖动曲线右上方的锚点以及左下方的锚点“向内收缩”，拖动到有像素的位置（从直方图来看有像素的位置），这样就相当于定义了照片最亮和最黑的部分，此时照片就开始变得有些通透，但是中间调区域的对比度仍然不够。因此，在曲线的右上方单击创建一个锚点，向上拖动，也就是继续提亮亮部；然后在曲线中间位置单击创建一个锚点，向下拖动，压暗中间调，这样可以进一步强化反差。为了避免照片整体的暗部显得过暗，因此在曲线的左下方单击创建一个锚点，向上拖动一些，让图中的位置“5”尽量靠近基准线。通过这样的曲线调整，可以看到，此时画面整体变得更加通透，也强化出了一定的光感。

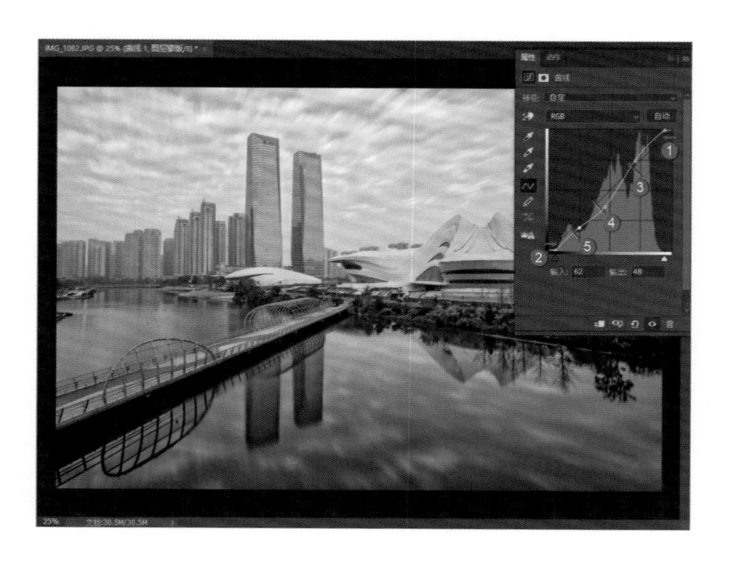

此时观察照片，会发现依然存在一些问题，虽然对比度足够了，画面变得更加通透、有光感，但是因为提高了对比度，所以导致水面部分的饱和度过高，存在一些色彩失真的问题。这时可以创建一个“色相/饱和度”调整图层，大幅度降低全图的自然饱和度。

这时画面整体的饱和度降低了，但我们的目的是只降低水面部分的饱和度，而天空部分不发生变化。这时就可以在工具栏中选择渐变工具，将前景色设为黑色、背景色设为白色，设定从黑到透明的渐变，设定圆形渐变，将不透明度设为100%，然后在天空部分由上向下拖动鼠标，将天空部分还原出来，这是因为黑色蒙版会遮挡住当前的调整效果，也就是遮挡住降低饱和度的效果。至此我们可以看到天空还原出了原有的饱和度，但是水面部分依然处于饱和度降低的状态。

因为此时饱和度降低的幅度稍稍有些大，画面也有些失真，所以我们可以单击选择上方的“色相/饱和度”调整图层，稍稍降低这个图层的不透明度，避免水面部分饱和度降低的幅度过大。降低不透明度之后，可以看到水面的饱和度也比较合理。

接下来，双击“色相/饱和度”图层，打开蒙版属性面板，在其中提高羽化值，这样可以让调整与未调整部分结合，使画面的过渡更加柔和，效果更加自然。

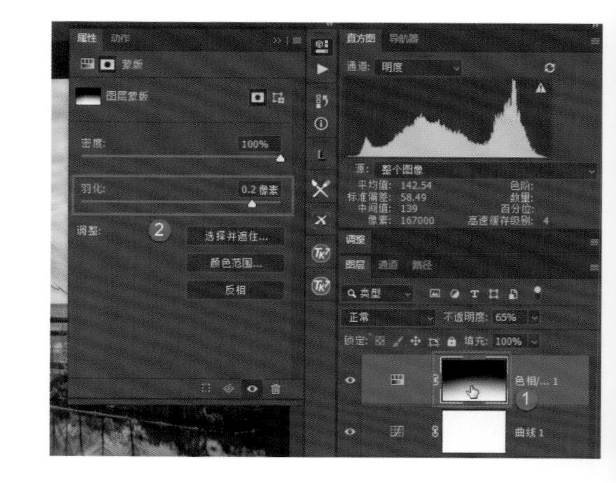

接下来再次观察照片，发现目前水面部分效果已经比较理想，但是水面以上的实体建筑以及天空部分的饱和度有些低，可以对这些区域的饱和度进行提升。具体操作时，右击“色相/饱和度”图层名，在弹出的快捷菜单当中选择“添加蒙版到选区”，也就是将水面部分的这一片蒙版变化为选区。可以看到，此时的水面部分载入了选区。

接下来，按 Ctrl+Shift+I 组合键进行反选。

然后创建一个“自然饱和度”调整图层，大幅度提高这一部分的自然饱和度，也就是提高了真实的地景与天空的饱和度，这样这部分的调整就完成了。

至此可以看到，首先强化了画面整体的反差，然后降低了水景的饱和度，最后提升了天空的饱和度。通过这一系列的配套操作，就得到了非常好的画面效果。最后右击某个图层名的空白处，在弹出的快捷菜单中选择“拼合图像”，将图像拼合起来显示，再对照片进行保存就可以了。

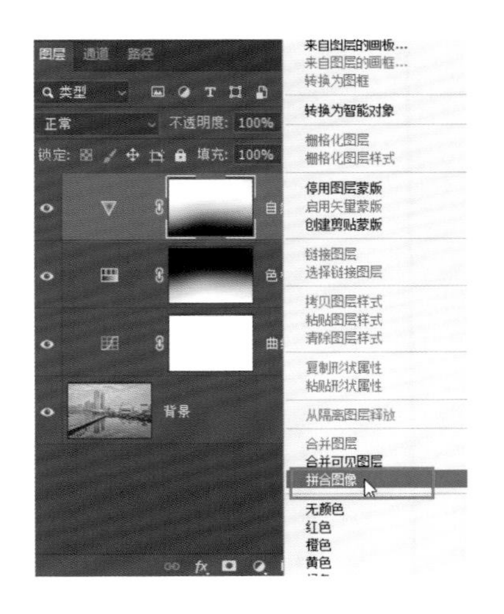

168 如何借助局部工具强化既有光线效果？

本案例要处理的照片其实非常简单，就是在城市的一个过街天桥拍摄的近处的道路以及远处的一些比较有特色的建筑的照片。从照片中可以看到，此时太阳已经将近落山，光线开始变得柔和，画面整体的色调开始有一些暖意。但拍摄出来的画面，温暖的氛围给人的感觉并不是特别强烈。所以在后期处理时进行了光线的强化，最终强化出来的效果有一种“魔幻”般的美感，光感非常强烈，画面整体的感染力也变得非常的浓郁。

原始照片。

处理后的效果。

下面来看具体处理过程。

首先，在 Photoshop 当中打开原始照片，然后按 Ctrl+Shift+A 组合键，进入 Camera Raw 滤镜。然后在右侧的工具栏中选择“径向滤镜”。

下面将要进行的操作是在光源位置建立一个径向滤镜，强化光源部分的亮度、色彩以及确定该径向滤镜所影响的区域，让光照的感觉更加强烈。

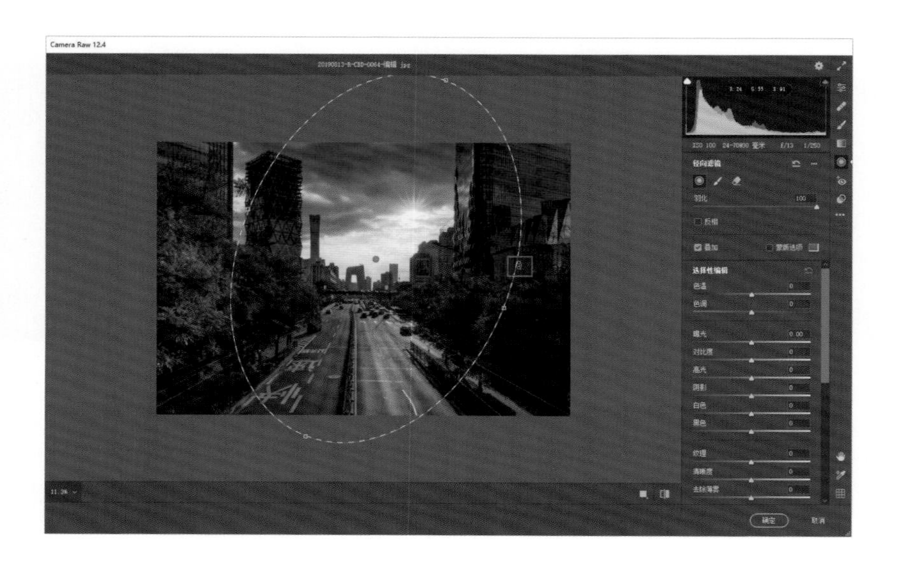

因此适当缩小画面视图，然后以画面远处太阳周边为中心，制作出一个径向的椭圆形区域。椭圆形区域之内是光照区域，现在可以先适当地降低光照区域之外的亮度。在参数面板的上方勾选“反相”，这表示下面将要调整的是椭圆形区域之外的区域。

然后降低曝光值，降低高光值。可以看到，椭圆形区域外的四周整体变暗。

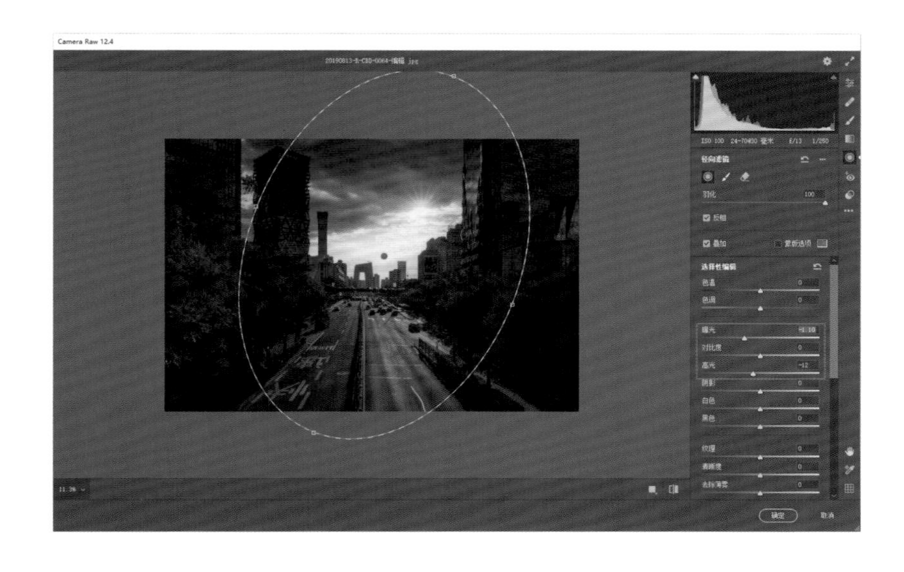

接下来我们再次创建一个径向区域，取消勾选“反相”，这就表示将要调整的是椭圆形区域内部的区域。在照片上新的位置拖动鼠标即可。

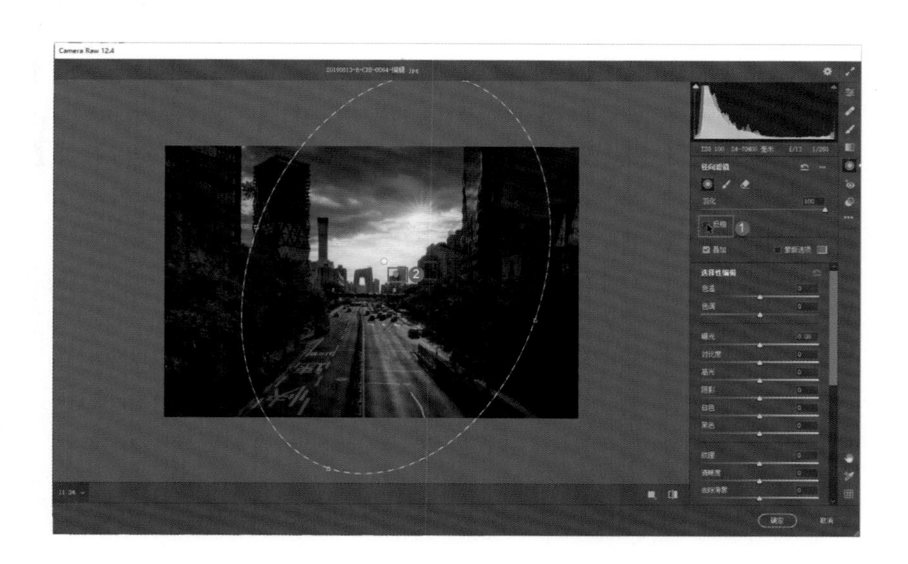

然后在参数面板当中提高曝光值，降低清晰度值，适当地降低去除薄雾值和高光值，再提高色温值和色调值。具体的参数设定大致如下图所示。

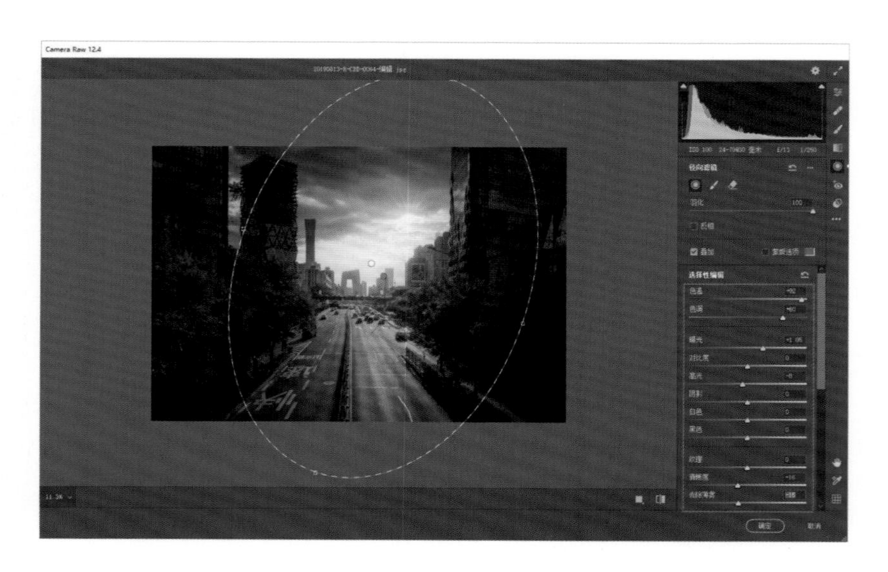

可以看到，经过这样调整之后，太阳光照的光感变得更加强烈，并且有了柔光的效果，显得非常梦幻。还可以根据实际情况，用鼠标拖动椭圆形边线，改变光照区域的大小。

调整之后，我们就完成了光照效果的制作。实际上这分为两个部分，一部分是适当地降低画面四周的亮度；另一部分是提升太阳周边光照区域的亮度，并渲染色彩氛围。最后对比调整前后的效果，可以看到调整后的画面变得非常“完美”。然后单击“确定”按钮，返回到 Photoshop 工作界面，对照片进行保存就可以了。

169 如何根据光线方向重塑光影？

下面介绍如何根据光线方向重塑光影来改变画面结构。

这张照片拍摄的是湖面游船在春风里荡漾的美景，但画面存在一个明显的构图问题：波光粼粼的湖面与作为视觉中心的古塔这两者之间的衔接不是很紧密，有一些“割裂”，无论是从内容还是光线效果来看，两者的衔接都不够紧密，甚至有些松散。在这种情况下，可以通过调整太阳光线照射的方向和氛围，让画面右侧的太阳光线的辐射区域连接到左侧作为视觉中心的古塔部分，可以看到，只是非常简单的改变，就将这两个部分很好地通过色调和光影连接了起来，画面结构显得更加紧凑。

原始照片。

处理后的效果。

下面来看具体的处理过程。

在 Camera Raw 滤镜当中打开这张照片，从画面中可以看到，照片明显被分为了两个区域，一个是左侧古塔的区域，另一个是右侧水面倒影的金光区域。这两个区域结合得特别不理想，可以通过光照将这两个区域衔接起来。

首先在右侧工具栏中选择“径向滤镜”，然后斜向拖出一个径向滤镜的区域，之所以这样拖动是因为充分考虑到了太阳光照的特点。实际上，太阳光线不单会照射到右侧的水面上，也会照射到左侧的水面上，只是左侧的水面可能没有右侧的水面亮度高，因此这样拖出一个斜向的径向滤镜是符合自然规律的。制作好之后，提高曝光值、阴影值色温值和色调值，并降低高光值和透明度值，让画面从右上方到左下方有了光线的照射和连接。也就是让原本“割裂”的两部分建立了连接，让画面显得更加紧凑。完成调整后单击“打开”按钮。

此时会发现左侧古塔的倒影部分水面的反光看起来有一些亮，这会让照片显得不是特别干净，看起来有些乱。因此在 Photoshop 当中创建一个“曲线”调整图层，在打开的曲线调整面板中向下拖动曲线，压暗整体画面。

然后按 Ctrl+I 组合键进行反相，将白蒙版变为黑蒙版。由于黑蒙版会遮挡调整的效果，所以曲线调整的效果会被完全遮挡。

这时在工具栏中选择画笔工具，将前景色设为白色。适当地缩小画笔直径，将不透明度设为 13% 左右，然后将鼠标指针移动到照片画面上需要降低亮度的位置，按住鼠标左键拖动进行涂抹。这种轻微的涂抹效果非常不明显，但是多次涂抹之后，效果就会变得特别明显。正是这种多次轻微的涂抹，会让我们的涂抹效果与周边景物的结合非常自然，这是画笔工具在后期处理当中的正确使用方法。

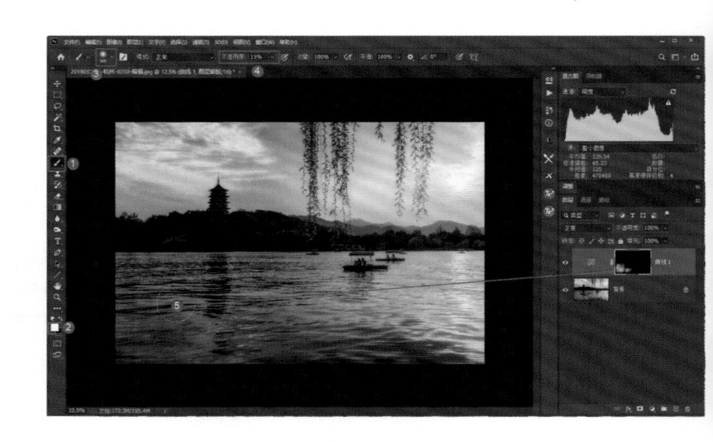

这样多次涂抹之后，就将古塔倒影影调不干净的部分给消除掉了，画面整体会显得更加干净。这样我们就重塑了画面影调，将画面左右两部分很好地结合了起来，并且消除了画面当中一些有瑕疵的区域。右击任意图层名右侧的空白区域，在打开的快捷菜单中选择“拼合图像”或“拼合所有图层”，最后对照片进行保存就可以了。

当然，在保存照片之前，可以先检查照片的色彩空间，如果色彩空间并不是 sRGB，可以先打开“编辑”菜单，选择“转换为配置文件”，打开“转换为配置文件”对话框，将目标空间的配置文件设为“sRGB IEC61966-2.1”，然后单击“确定”按钮。

打开“图像”菜单，选择“模式”，选择“8 位 / 通道”，将照片的位深度设定为 8 位，然后将照片保存为 JPG 格式就可以了。

170 如何单独提亮主体强化视觉中心？

下面来看如何单独提亮主体强化视觉中心。

原始照片整体灰蒙蒙的，因为它表现的是一种逆光的环境，所以天空亮度比较高，但是作为主体的建筑亮度不够，呈现出一种近乎剪影的状态。当然，画面当中花束的色彩以及建筑、水景等的色彩也比较黯淡。

原始照片。

调整之后的画面如下图所示，可以看到，花、树的色彩呈现出来了，而远处的树木、建筑等的色彩和影调细节也都呈现出来了，画面效果好了很多。

处理后的效果。

下面来看具体的处理过程。

首先将拍摄的 RAW 格式的照片拖入 Photoshop，照片会自动载入 ACR 当中。首先进行镜头校正。打开“光学”面板，勾选“删除色差”和“使用配置文件校正”，在面板下方稍稍向左拖动晕影参数，目的是恢复画面四周的暗角，避免让画面四周亮度过高，也就是恢复一下校正的程度。

接下来回到“基本”面板，直接单击面板上方的“自动”按钮，由软件根据画面的整体情况进行影调层次以及饱和度等的优化。

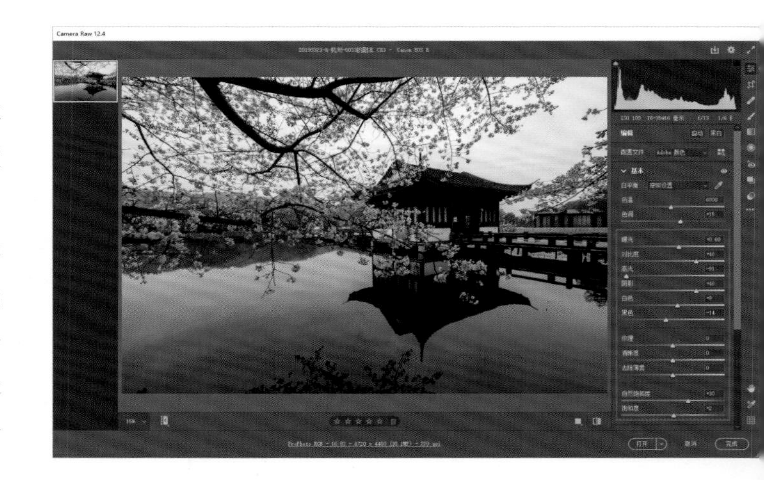

优化之后的画面细节变好了很多，有一些比较暗的区域也被提亮了，但是此时的照片仍然存在问题，就是画面整体的色彩比较平淡。这时可以考虑为天空（也就是高光部分）渲染一定的暖色调，为水面以及其周边一些比较暗淡的部分渲染一定的冷色调，这也符合光线与色彩的自然规律。因此切换到“分离色调”面板，在其中为高光部分渲染上一种偏暖的、红橙色的色调，为阴影部分渲染上一种青蓝色的色调，参数设定如右图所示。可以看到，此时画面的色彩发生了较大变化。

此时整个天空部分依然存在问题，亮度有些偏低，特别是花、树部分等一些区域的阴影显得比较浓重。这时可以选择“渐变滤镜”，在恰当的位置由上向下拖动鼠标，制作一个渐变滤镜。轻微地提高曝光值，降低高光值。因为要避免高光部分出现溢出，所以轻微地降低清晰度值和去除薄雾值，让天空光源部分变得朦胧一些、轻柔一些。通过这样的调整，画面中建筑等区域有了更多的层次和细节。

接下来再选择“径向滤镜”。在主体的建筑部分创建一个径向滤镜，然后稍稍提高曝光值、降低高光值等，避免这个区域出现高光溢出。使其整体亮度得到提升，就强化出了作为主体的视觉中心部分。

此时我们会发现，照片四周的亮度还是有些高，因此再次切换到光学面板。在面板下方的“校正量”中，继续降低晕影参数值，再次降低四周暗角的恢复程度，这样就完成了照片的调整。然后单击上方的“存储图像”按钮。

在打开的“存储选项”中设定照片的存储位置，这里设定为“在相同位置存储”，也就是保存到原 RAW 格式的照片所在的位置。然后设定格式以及文件扩展名：格式为“JPEG”，文件扩展名为“.JPG”。.JPG 是 JPEG 格式的扩展名，这种扩展名可以设定为大写，也可以设定为小写；元数据可以设定为“全部”，也就是保留下所有的拍摄数据，包括拍摄日期、光圈、焦距、快门速度、感光度等；品质一般设定为 10 或 11，最好不要设定为 12，因为设定为 12 时，画质提升不多，但是占用空间会大很多；色彩空间设定为“sRGB IEC61966-2.1”；色彩深度设定为“8 位 / 通道”；在整图像大小中选中“调整大小以适合”并设定为“长边”，然后设定长边的像素，宽边就会由软件根据当前照片的长宽比自行进行设置，这里设定长边为 4000 像素。设定好全部参数之后，单击“存储”按钮，照片就会输出为 JPEG 格式。

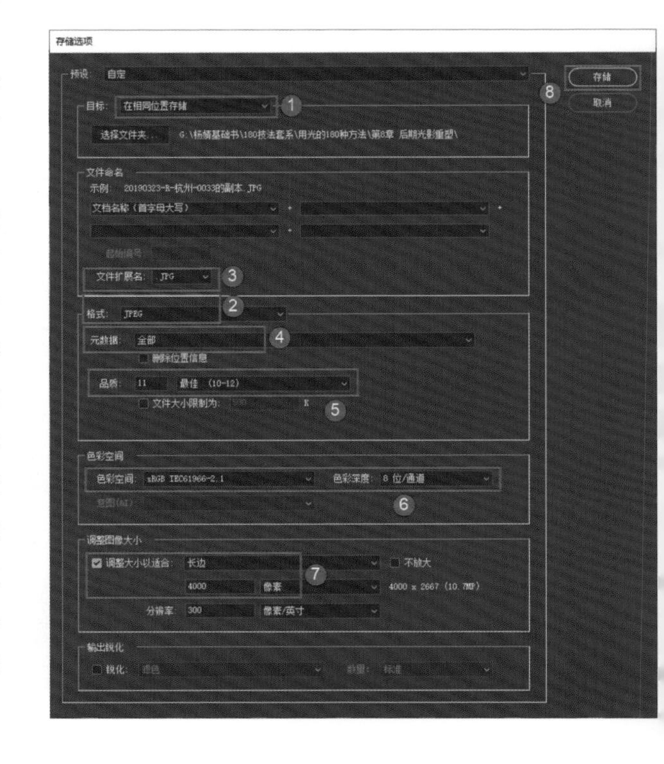

171 如何为散射光环境制造光感?

实际上，即便我们所处的环境是一种散射光环境，光线也是会带有一定的方向感的。比如太阳在浓重的云层后方，但是太阳周边仍然亮度会比较高，但我们实际拍摄的照片当中，这种光线的方向感可能无法呈现出来。在摄影后期处理时，可以将这种光线的方向感强化出来，也就是为画面营造一定的光感，这样画面的表现力会更强一些，结构会显得更加紧凑。

下面来看具体的案例。

看原始照片，画面整体上已经非常漂亮，层次、细节各方面都比较好，但是因为没有明显的光感，所以画面的表现力感觉始终有一些欠缺。

原始照片。

通过后期强化了画面的光线方向（光感）之后，可以看到，处理后的画面整体的结构明显更加紧凑，透视性更好，画面整体的表现力也就更强。这种调整可能是非常微小的，但是会让画面整体显得更加干净、紧凑。

处理后的效果。

下面来看具体的处理过程。

根据前文介绍的一些调整方法，可能有一些基础比较好的摄影师借助于 Camera Raw 滤镜当中的径向滤镜就可以实现这种光感的营造。具体操作是先在 Photoshop 当中打开照片，然后进入 Camera Raw 滤镜，选择“径向滤镜”，然后由太阳光线位置到画面主体位置的方向制作一个椭圆形的渐变区域。

稍稍提高曝光值，营造光感；降低高光值，避免照片当中原有最亮的区域出现高光溢出的问题；提高色温值和色调值，因为太阳光线一般是有一定的暖色调的，所以要稍稍提高色温值和色调值，通常来说，色温值提高的幅度大，色调值提高的幅度小。这样调整之后，就为画面渲染光源部分渲染上了非常自然的色彩。另外，还要稍稍降低清晰度值和去除薄雾值，这样可以让太阳周边的光感更强烈一些。

接下来我们再提高自然饱和度值。当然，需要回到“基本”面板，整体上提高自然饱和度值。可以看到，画面的效果会发生较大变化。

当然还有一种方案。对风光题材的照片来说，可以切换到“校准”面板，在其中提高蓝原色的饱和度值，这样可以让画面当中的冷色系的饱和度变得更高，背光的山体部分以及近处的桃花等区域的饱和度会更高。与提高自然饱和度值相比，能够实现相差不大的效果。这样我们就完成了这张照片的处理，最后单击“确定”按钮返回到Photoshop工作界面，再对照片进行保存就可以了。

172 如何借助亮度蒙版让凌乱的画面变干净？

现在再来看一个非常高级的技巧——借助于亮度蒙版让光线非常杂乱的画面变得干净。如果光线杂乱，画面必然会显得杂乱，这是因为画面中的各区域具有大量不同的明暗对比度。

对比原始照片和处理之后的照片，可明显发现处理之后的照片效果更好一些。之所以好，是因为我们为画面营造了一个主要的光源，在画面中间的上方有明显光感，利用这种光感串联起来整个画面，而后又对画面四周一些应该暗下来但在照片当中不够暗的区域进行了压暗，让各个区域的亮度显得更加均匀，画面整体就会显得更加干净。

原始照片。

处理后的效果。

下面来看具体的处理过程。

依然是先在Photoshop当中打开照片，然后进入Camera Raw滤镜，在画面中上方的位置创建一个“光源”，很明显，照片的光源就是位于这个位置的。

然后提高色温值、曝光值，降低高光值、清晰度值、去除薄雾值，这样就营造出了主光源的效果。然后单击“打开”按钮。

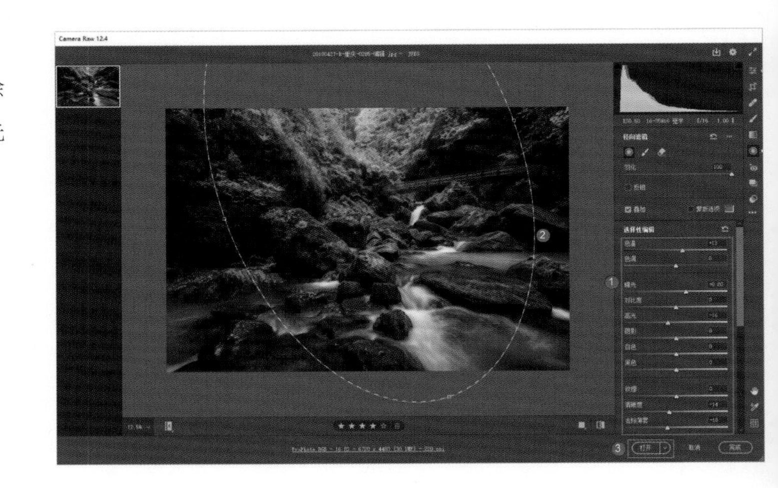

在Photoshop中观察照片，就会发现岩石部分的亮度过高，导致画面整体显得非常的凌乱。因此，创建一个“曲线”调整图层，降低全图的亮度。

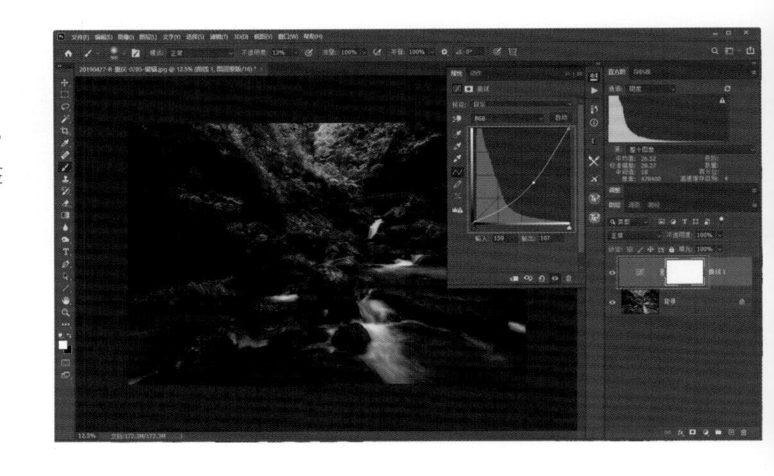

按 Ctrl+I 组合键，对蒙版进行反相。蒙版反相之后，就隐藏了压暗效果。选择画笔工具，将画笔颜色设为白色，设为柔性画笔，降低画笔的不透明度，在想要压暗的位置进行涂抹，特别是左侧的岩石部分，因为这部分的亮度比较高，会导致画面整体显得凌乱。多次轻微地涂抹之后，就会将岩石部分的亮度压下来，岩石部分的亮度会与周边水面的亮度更加接近，最终画面就会显得更加干净。

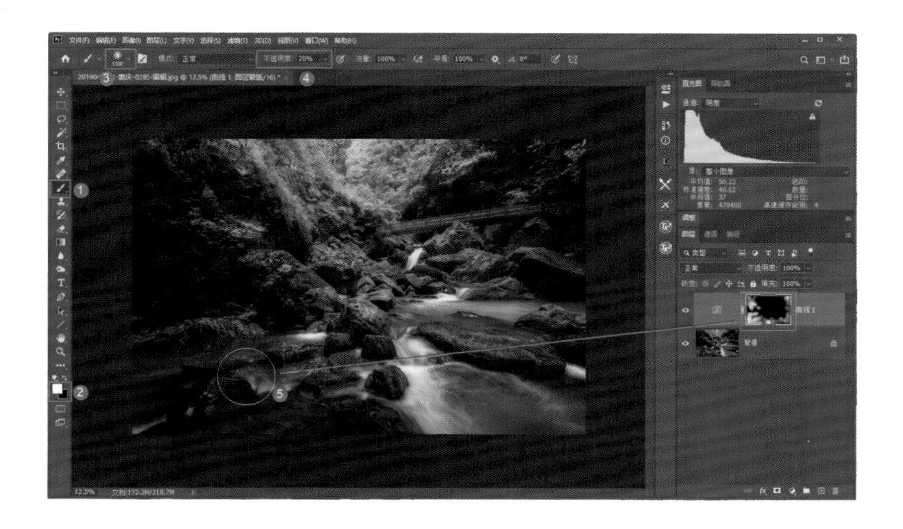

对想要压暗的位置进行涂抹后，最后还可以双击蒙版图标，在打开的蒙版属性面板中提高羽化值，让涂抹与未涂抹区域进行结合，以使画面显得更加柔和。这样就完成了这张照片的处理，最后拼合图像，再保存照片就可以了。

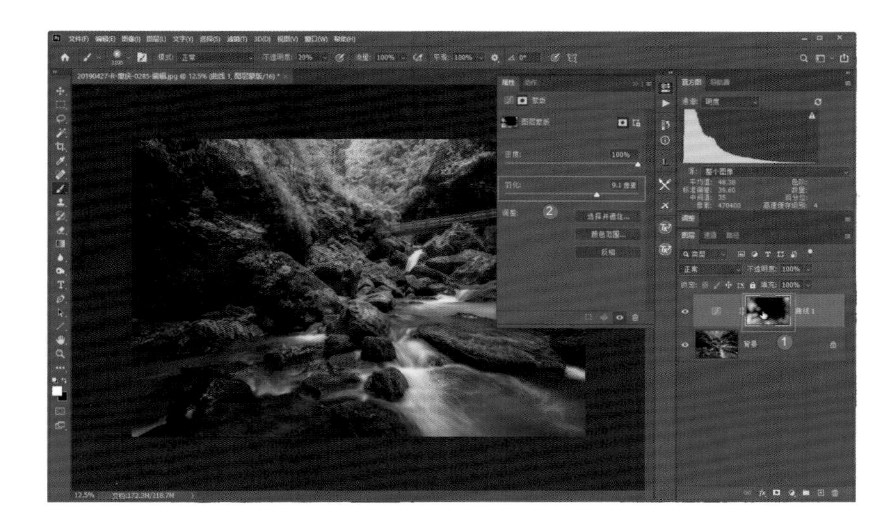

173 如何制作时间切片效果？

下面来介绍如何用切片工具在一张照片当中表现日夜转换的光影变化和色彩变化。想要得到时间切片的效果，就需要在拍摄时进行间隔拍摄。比如我们可以间隔 3 分钟或 5 分钟拍摄一张照片，当然这种拍摄是固定拍摄视角，在太阳落山前后进行持续的拍摄，拍摄的时长大约为半个小时，日落之前开始拍摄，5 分钟之后继续拍摄，那么整个的日落过程前后持续时间大约为半个小时。这样我们就分间隔 3 分钟或 5 分钟的时间记录下来了不同的光影变化和色彩变化瞬间，最后通过时间切片的方法，将这些照片效果压缩到一个照片画面当中，就呈现出了时间切片的光影变化和色彩变化。

下面我们通过具体的案例来分析，不过在这个案例当中，我们拍摄的时长不够，总共只拍摄了 7 张照片，持续的时间大约为 10 分钟，但是处理后已经呈现出了这种时间切片的效果，可以看到照片从左至右有一种光影变化和色彩变化。

处理后的效果。

下面来看具体的处理过程。

首先全选拍摄的RAW格式原始照片并在Photoshop中打开，照片会自动载入ACR。

右击左侧图片窗格当中的某一张照片，在打开的快捷菜单中选择“全选”，选中所有照片。

在右侧的面板当中，单击打开“光学”面板，勾选“删除色差”和“使用配置文件校正”复选框。如果无法识别拍摄所使用的镜头，那么需要手动选择我们使用的镜头的品牌和型号，完成镜头的校正。

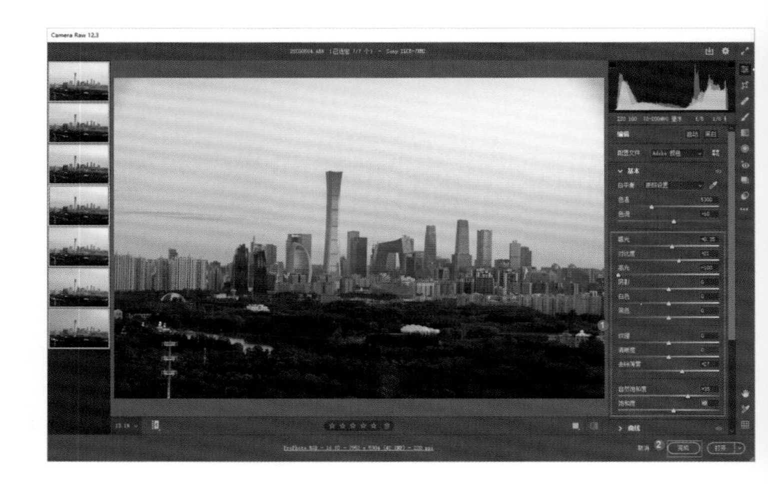

接下来回到“基本”面板，对画面的影调层次进行轻微的优化，主要包括曝光值、对比度值以及高光值的调整，当然还要稍稍提高去除薄雾值、自然饱和度值、饱和度值。最后单击“完成”按钮，这样就完成了这组照片的调整。调整完成之后，对RAW格式的照片进行修复的结果就会存储在一个单独的.xmp记录文件当中，如果单击“取消”按钮，就不会生成这个记录文件。

接下来我们在Photoshop当中打开“文件”菜单，选择“脚本”，再选择“将文件载入堆栈”。

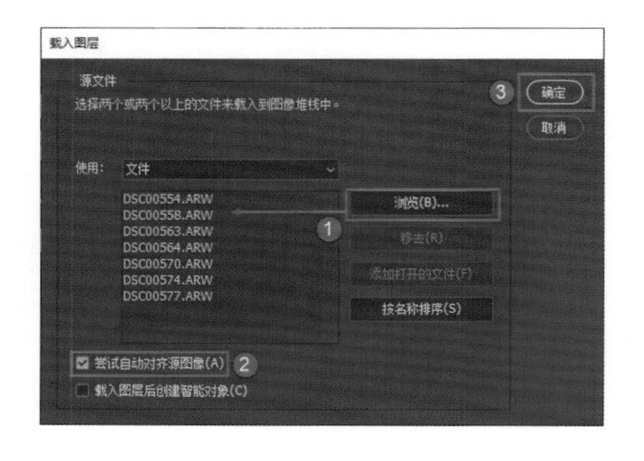

这时会打开“载入图层”对话框，单击“浏览”按钮，将所有的RAW格式的文件载入。勾选对话框底部的尝试自动对齐源图像”，然后单击“确定”按钮。

等待一段时间后，所有的照片会载入同一个照片画面，但是会分布在不同图层当中。

在工具栏当中寻找切片工具。默认情况下，切片工具可能不会显示，这时需要我们在工具栏底部的附加工具按钮上右击并选择“编辑工具栏”命令。

打开“自定义工具栏”对话框，在“附加工具”中选中“切片工具”并将其拖动到左侧的“工具栏”当中，这样就设定了在工具栏当中可以找到切片工具。操作完成后单击“完成”按钮。

接下来在工具栏当中找到并选择切片工具，然后在照片画面上单击鼠标右键，在弹出的快捷菜单中选择“划分切片”，在打开的“划分切片”对话框当中勾选底部的“垂直划分为”，当然我们也可以勾选“水平划分为”，但是大多数情况下我们会勾选“垂直划分为”。需要注意的是，有几个图层，就要划分为几份。在本例中，因为一共有 7 个图层，也就是 7 张照片，所以要划分为 7 份。因此设置为“7”个横向切片，然后单击“确定”按钮。

在右侧的图层面板中选择最上方的图层，然后在工具栏当中选择矩形选框工具，先框选左侧的 6 份，按 Delete 键删掉左侧的部分，那么第一个图层左侧框选的部分就会被删掉。

然后选中第二个图层，用相同的方法框选左侧的 5 份，按 Delete 键将这些部分删除，这样第二个图层从右侧数第二部分就会被显示出来。

按照同样的方法，接下来由右侧向左侧分别删除，经过多次删除之后，从图层面板我们就可以看到，最上方的图层显示的是最右侧的一部分，第二个图层显示的是从右侧数第二部分，按顺序依次向左展开，这样最终就显示出了时间切片的效果。

右击某个图层名的空白处，在弹出的快捷菜单当中选择“拼合图像”，这样就将图像拼合了起来。

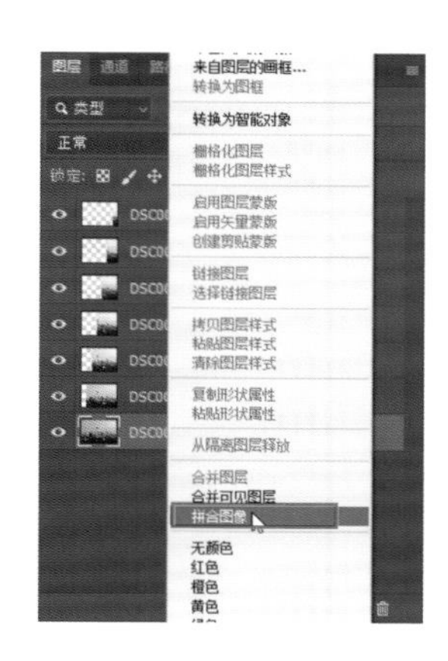

最后打开“窗口”菜单，选择“清除切片效果”，再对照片进行适当的裁剪和优化，就完成了这张照片的处理，最后再对照片进行保存就可以了。

8.2 借助滤镜提升画面光效

174 如何制作丁达尔效应？

下面介绍的这个案例比较特殊，主要是滤镜的简单应用，但是这种应用又比较实用，可以对一些比较特殊的光线进行强化或营造出一种比较特殊的光线——丁达尔效应。下面来看具体的案例。

从照片中可以看到处理前后的效果。原始照片整体显得比较杂乱，添加丁达尔效应之后，画面的视觉效果更好一些，画面也更加干净，更具视觉冲击力。当然添加的这种效果可能还是不太自然，但是基本已经实现了提升画面整体效果的作用，读者在制作这种效果时可以做得更精细一些。

原始照片。

处理后的效果。

下面来看具体的处理过程。

首先在Photoshop中打开这张原始照片，然后进入Camera Raw滤镜，在“基本”面板当中对照片的影调层次进行优化，如单击“自动”按钮，降低高光值，提亮曝光值、阴影值等，以减小画面的反差。单击“打开”按钮，将照片载入Photoshop。

单击“选择”菜单，选择“色彩范围”，打开“色彩范围”对话框，在其中设定“取样颜色”，然后使用吸管工具在照片当中受光线照射的位置上单击取样，这时与取样位置明暗色彩相差不大的区域就会被选择出来，其他被光线照射的一些区域也会被大致选择出来。

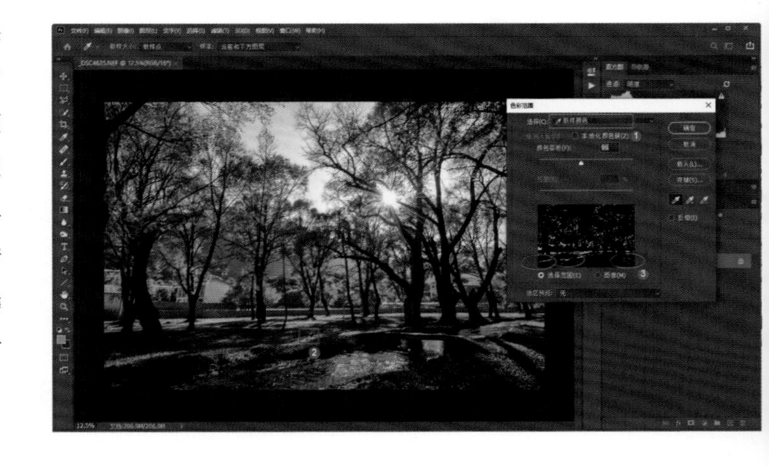

如果选择的效果不够理想，可以通过调整“色彩范围”对话框中间的“颜色容差”来进行增减选区，从“色彩范围”对话框中间的预览框当中可以看到，白色区域是要选择的区域。通过调整，大部分被光线照射的区域都被选择了出来，然后单击“确定”按钮，这样就可以在照片当中生成明显的选区。

建立选区之后，按 Ctrl+J 组合键，将这个选区之内的部分提取出来。

然后单击“图像”菜单，选择“调整”，再选择“曲线”，打开“曲线”对话框，向上拖动曲线，提亮选择出来的受光线照射的部分。然后单击“确定”按钮，完成对这些部分进行提亮。

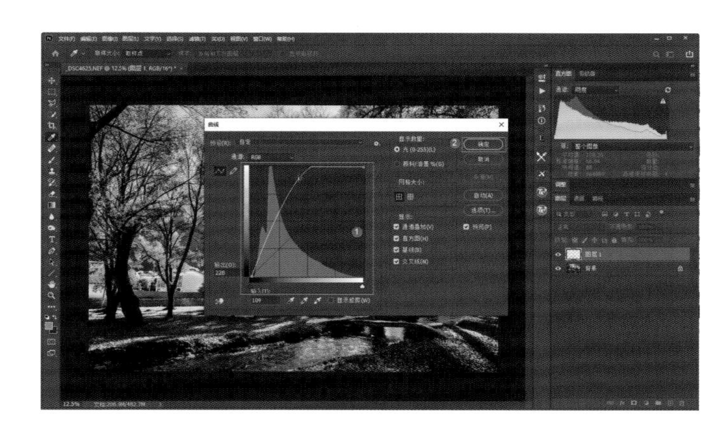

接下来单击“滤镜”菜单，选择“模糊”，再选择“径向模糊”，打开“径向模糊”对话框，在其中设定模糊方法为“缩放”，然后在中心模糊区域内单击改变模糊中心的位置。注意要尽量让这个中心位置与实际画面当中太阳的位置大致对应，将数量值提高到 50，数量值对应了模糊的程度大小。操作完成后单击“确定”按钮，这样照片提取的区域中就生成了丁达尔效应。

然后为这个模糊图层创建一个“图层”蒙版。

选择画笔工具，将前景色设为黑色，在一些不想让其出现光线的位置进行轻轻涂抹。因为有一些阴影部分很明显也被丁达尔效应照射到了，这显然是不合理的，所以需要将其涂抹掉。

在涂抹掉不该有的光线之后，右击图层蒙版，在弹出的快捷菜单中选择“应用图层蒙版”，将蒙版应用到这个图层上。

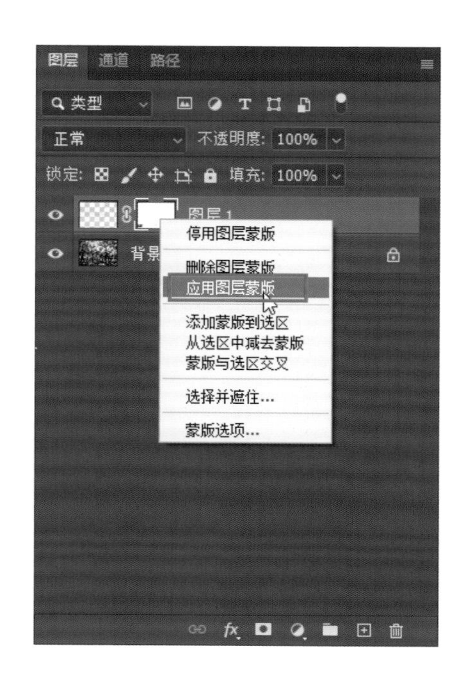

单击“滤镜”菜单，选择“模糊”，再选择“高斯模糊”，打开“高斯模糊”对话框，在其中稍稍提高半径的值。因为之前建立的径向模糊，光线边缘显得太生硬，通过这种高斯模糊可以让生硬的光线边缘显得柔和一些。操作完成后单击“确定”按钮，这样就完成了丁达尔效应的制作。

175 如何利用星光滤镜为画面添加星芒?

下面我们将介绍一个非常有意思的后期用光技巧。这个技巧其实也非常简单，就是借助第三方滤镜，为画面当中一些比较明显的光源添加星光效果。在摄影创作当中，某些广角镜头能够拍摄出漂亮的星芒，这被很多喜欢光影效果或者特殊效果的爱好者所看重，但实际上借助于第三方滤镜，也能够制作出非常迷人的光影效果，让画面显得非常梦幻、唯美。

原始照片。

这是处理之后的画面效果。可以看到，画面当中有颜色各异且数量非常多的星芒，让画面变得梦幻、唯美。

处理后的效果。

下面来看具体的处理过程。

首先在Photoshop当中打开照片，按Ctrl+J组合键，复制一个图层。然后打开“滤镜”菜单，选择“Pro Digital Software”再选择“ StarFilter Pro 2”，也就是星光滤镜。

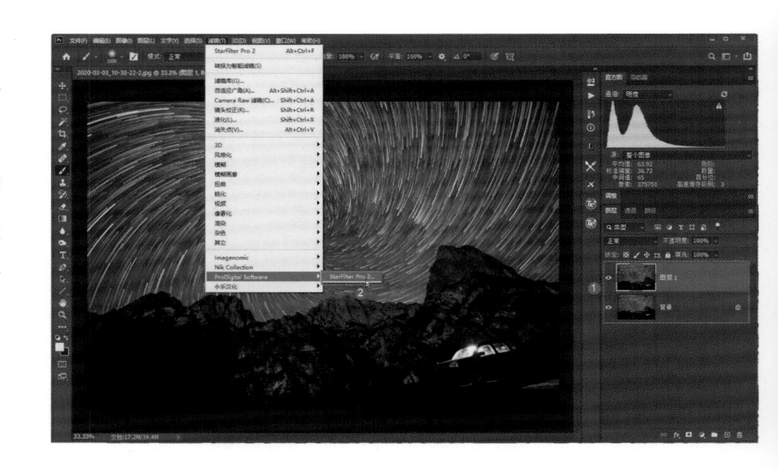

进入滤镜界面之后，我们可以选择星芒的效果。这里采用了默认的北极星样式，此时在光源上可以看到星芒效果。

在滤镜界面中可以设定星芒的样式，包括星芒的数量、星芒边线的长度、星芒的强度、星芒的颜色饱和度等，根据具体情况进行调整即可。另外，如果照片中有一些我们想添加星芒的位置本身没有星芒或是星芒过于密集，可以在滤镜界面左侧选择“显示”或者“隐藏”，然后在想要添加或删除星芒的位置单击，就可以添加或删除星芒了。

还可以设置主星芒之外的次级星芒的强度，也就是光源光斑的大小，并根据实际效果来设置部分星芒的隐藏或显示状态。设置好之后单击“确定”按钮，这样就可以为照片添加上星芒。

添加星芒之后，会看到上方被复制的图层被添加了星芒。对于一些不想让其出现星芒的区域，可以借助于蒙版与画笔工具将这些位置擦拭掉，只在想要保留星芒的位置保留星芒就可以了，操作过程见图中标注，最后就制作出了满天星光的梦幻效果。

176 如何利用堆栈记录光线轨迹?

我们曾经介绍过，如何利用车辆的轨迹，营造出一种光源与景观相互衬托的美景。下面我们就将介绍如何通过堆栈记录这种轨迹。当然，关于堆栈的技巧，如果我们是在城市当中进行街道的拍摄，那么拍摄之后直接堆栈即可，整个过程比较简单，也没有太多讲解的必要；但是在山间拉出车轨，最终进行堆栈的后期处理，还是有一些特殊之处的。

处理后的效果。

拍摄的素材当中一定要有一两张确保地景有足够的曝光量的照片，天空部分也是如此。在我们所准备的素材当中，可以看到第一张照片中地景的曝光是非常足的，当然天空稍稍有些过曝也没有关系，后续我们可以将天空去除掉。准备好这些素材之后，经过后期制作就可以得到非常理想的轨迹效果。

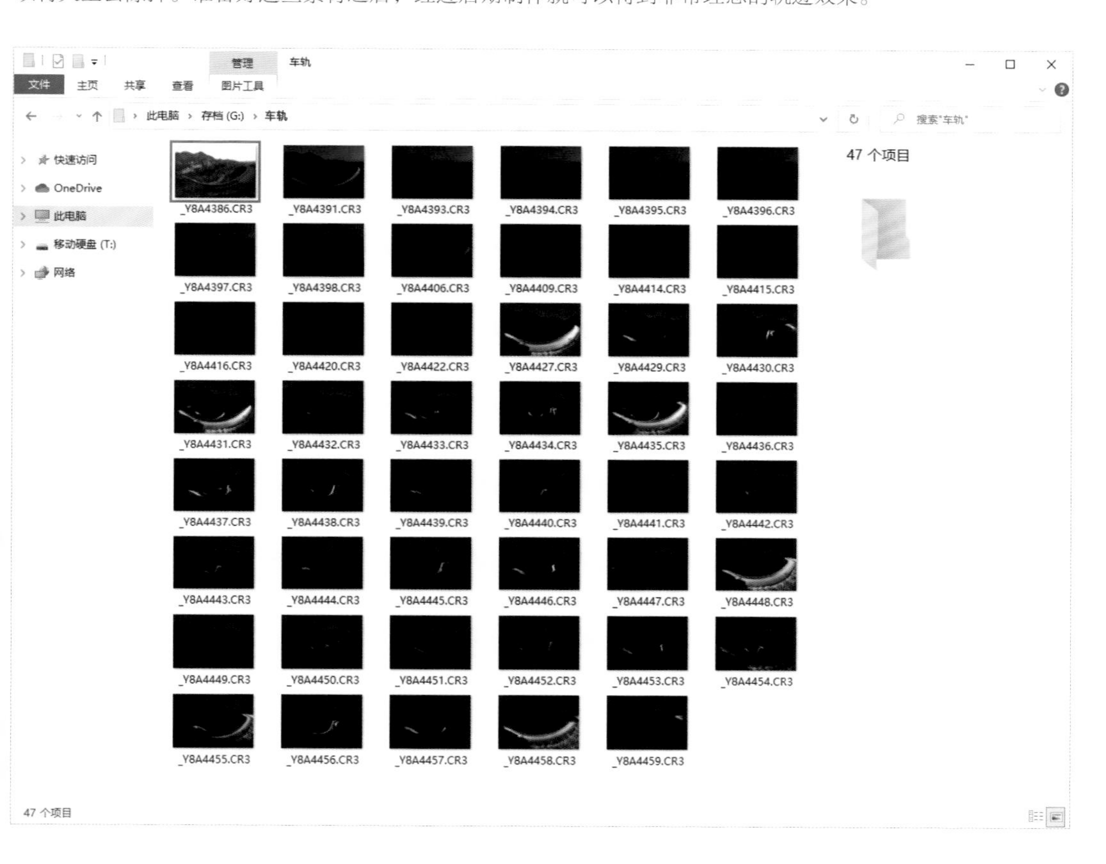

下面来看后期处理过程。

首先我们将准备好的所有固定视角的照片拖入Photoshop，照片会自动载入ACR当中。

第一张照片是我们为画面周边的车轨之外的地景准备的地景细节素材，当前先不管它，先单击选中第二张照片。

对第二张照片的影调层次进行调整，包括提高曝光值、降低高光值、提亮阴影值等，将照片的影调层次调整到一个相对比较理想的程度上。在左侧的图片窗格当中，全选除第一张照片之外的所有照片，然后右击，在弹出的快捷菜单中选择“同步设置”，打开“同步”对话框，因为我们没有进行其他的一些局部调整，只是进行了统一的调整，所以保持这些选项的默认值，直接单击“确定”按钮即可，这样我们就将对第二张照片的后期处理同步到了后续的所有照片当中。

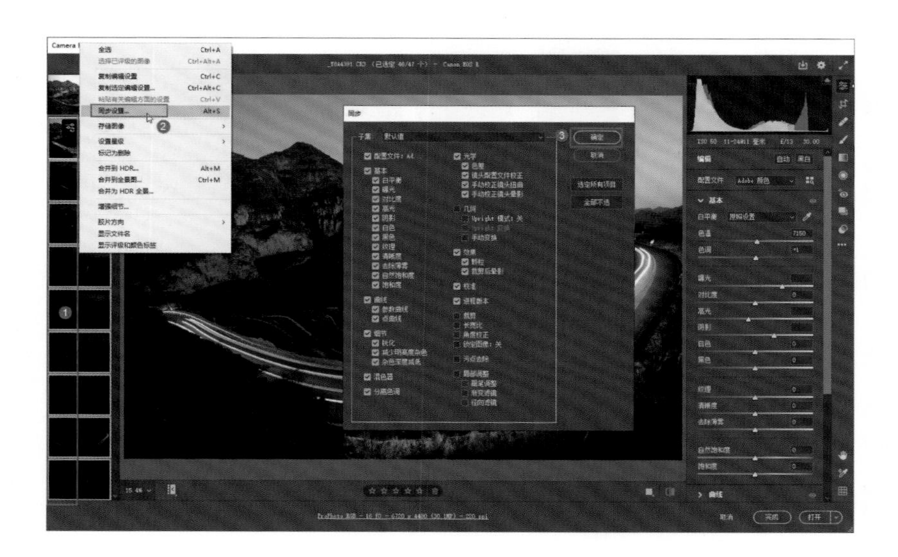

但第二张照片的亮度比较高，这种调整未必适合后续的所有照片，所以还需要适当地检查一些比较特殊的照片，比如针对亮度比较高的照片需要将调整的幅度加大一些，大幅度降低高光值从而避免高光部分严重过曝。照片检查完毕之后，再单独选择第一张照片，降低高光值，以避免天空出现严重过曝的问题。

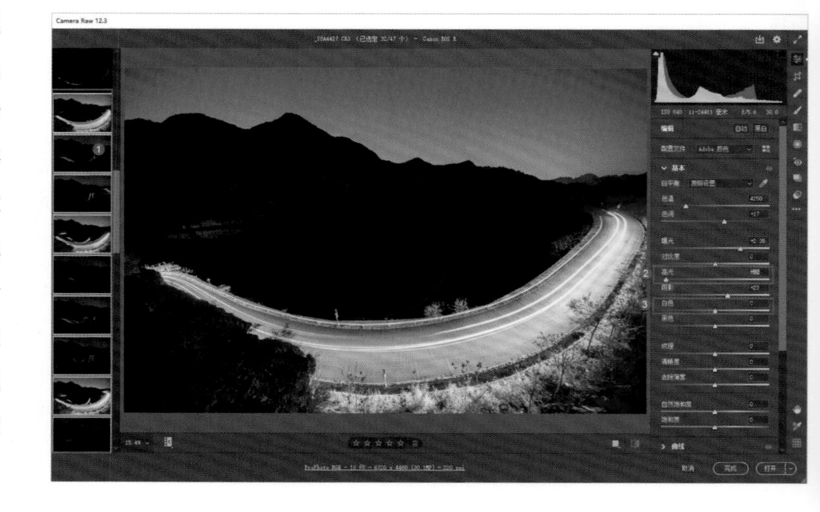

全选所有照片，单击“完成”按钮，就完成了对所有照片的调整。

接下来就可以按照前文所介绍的方法，将所有的照片都载入 Photoshop 同一个画面的不同图层。在工具栏中选择“快速选择工具”，在图层当中查找天空亮度特别高的一些图层，全选天空部分之后，将这些图层中的天空部分删掉，这样画面整体的亮度经过堆栈之后就会比较均匀。按住键盘上的 Ctrl 键，逐一单击每个图层，这样可以全选所有图层；当然也可以单击第一个图层之后，按住 Shift 键，选中最后一个图层，这样也可以全选所有图层，要注意按 Ctrl+A 组合键是无法快速全选所有图层的。

单击“图层”菜单，选择“智能对象”，再选择“转换为智能对象”，这样就将所有的图层“折叠”在了一起。

接下来开始设定图层的折叠和堆栈方式，单击“图层”菜单，选择“智能对象”，再选择“堆栈模式”，接着选择“最大值”。

也就是说，我们要将堆叠起来的智能对象用“最大值”的方式进行堆栈。堆栈地面的车轨，因为它的亮度是最高的，会被堆栈显示在最终效果当中，天空中的星星也是如此。这时我们再进入 Camera Raw 滤镜，对画面整体的影调层次、色彩等进行一定的调整。调整完毕之后，我们就基本完成了对这张照片的整个处理，最后单击“确定”按钮，回到 Photoshop 工作界面，对照片进行一些局部的精修，就会得到最终的效果，再对照片进行保存就可以了。

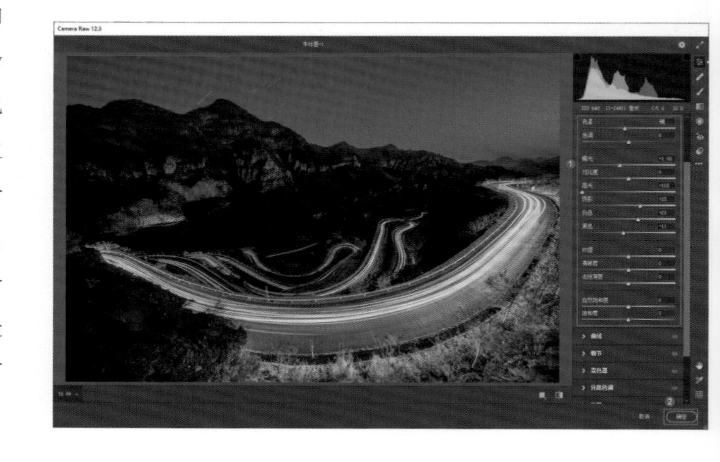

177 如何利用堆栈消除车灯等光源?

夜景星空摄影的难点是非常多的，关于光影效果，我们主要介绍如何通过堆栈来消除地景当中突然出现的一些光源或是“光污染”，让地景变得非常干净。我们拍摄大量的照片，其中可能有很多照片会出现地面拿手电筒的行人产生的较大“光污染”，这样如果后续直接堆栈，这些“光污染”就会出现在最终的照片当中，破坏最终照片的效果。但是如果我们使用合理的堆栈方式进行堆栈，就可以得到更好的效果。

看原始素材，从左侧的图片窗格当中下方的几张照片我们可以看到，很多照片都出现了打着手电筒行走的行人。经过处理后，地景没有任何的“光污染”出现。

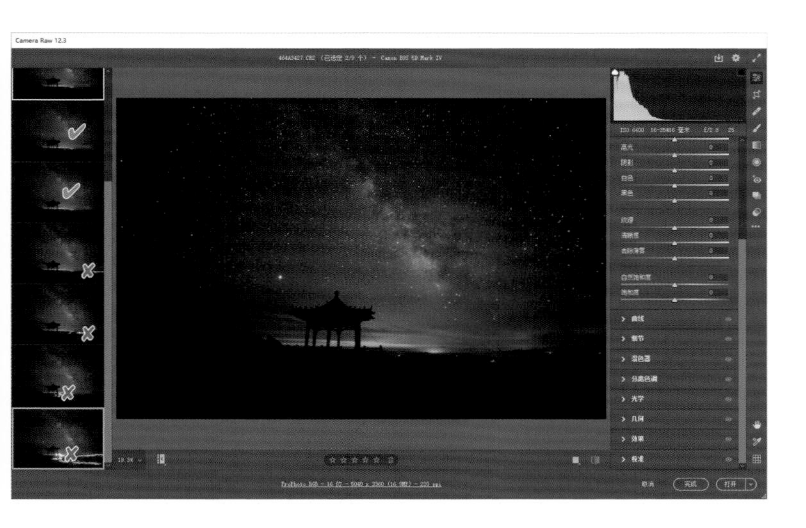

原始素材。

处理后的效果。

接下来我们就来看如何使用合理的堆栈方式将这种“光污染”消除掉，并对画面的地景进行一些降噪。

首先将所有的照片在 Photoshop 当中打开，然后全选所有照片，在“光学”面板当中勾选“删除色差”与“使用配置文件校正”。勾选“使用配置文件校正”之后，照片四周的暗角会得到极大的提亮，这种提亮会导致照片四周出现一些“萎缩”，所以我们可以稍稍恢复一下晕影值，避免照片四周过亮。

回到“基本”面板当中，调整画面的色调值与色温值。一般来说，将银河部分的色温值调整为 3900 左右，画面会有比较准确的色彩。接下来适当地提高曝光值，降低高光值，提高阴影值等，这样可以让地面显示出更多的色彩和细节。但是这样地景的噪点也会显示出更多，这没有关系，因为后续我们要通过一定的堆栈来消除噪点。照片初步调整好之后，单击“完成”按钮，这样我们就将对照片的处理操作记录了下来。

接下来在 Photoshop 当中单击“文件”菜单，选择“脚本”，再选择“统计命令”，打开“图像统计”对话框，在其中将所有的照片载入，将选择堆栈模式设定为“中间值”，再单击“确定”按钮，完成堆栈。

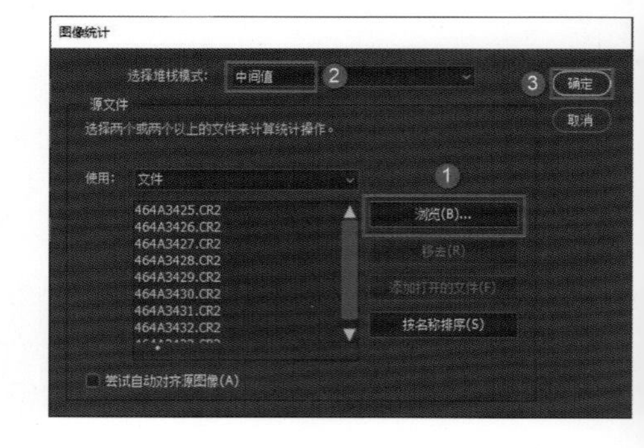

为什么选择中间值呢？ 所谓中间值，是指照片中某一个像素位置上下所有图层的中间亮度的值。比如某个像素位置，有多张照片在该位置出现了行人和灯光，那么它的亮度就会有较大差别。如有 150 的亮度，有 200 的亮度，有 250 的亮度等。但是对绝大部分照片来说，是没有出现“光污染”的，亮度大多数都是在 50 左右，中间值是指统计上下多个图层的同一个像素点位置的亮度，选择中间值亮度作为堆栈画面的最终亮度。这样一些光污染或噪点的特殊亮度就会被排除掉了。所以说中间值既有降噪的效果，还有排除掉“光污染”效果的作用。

我们可以看到，经过一段时间的等待，堆栈完成之后，地景“光污染”被消除掉了，并且地景的噪点得到了很好的抑制，不幸的是，因为天空中的星星是有位移的，所以星空变得模糊，这时候我们可以找一张没有“光污染”的单独的星空照片，覆盖在中间值降噪之后的效果上。

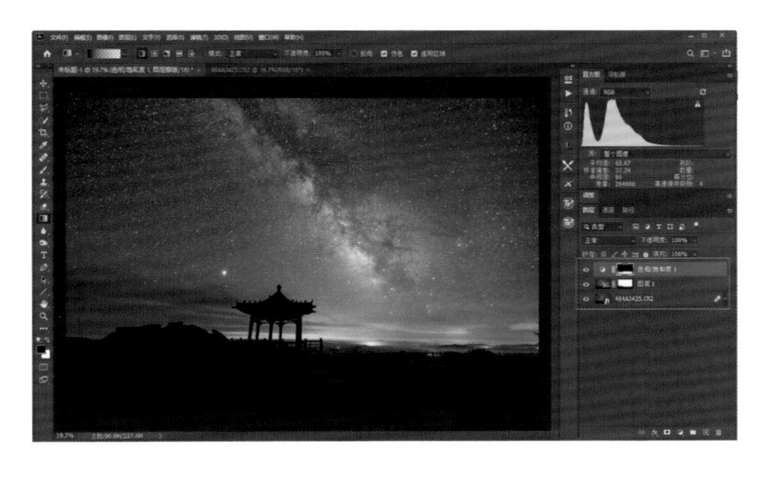

为地景或天空建立一个选区，为选区创建白蒙版，由于白蒙版不进行遮挡，所以就会露出比较清晰的天空部分；而对地景部分则遮挡，因此就遮挡住了单张照片的没有降噪的地景，露出了下方中间值降噪后的地景效果，实现了照片的合成，整体效果就比较理想了。

对于地景整体偏绿的问题，我们还可以创建一个“色相 / 饱和度”调整图层，只对地面进行色相 / 饱和度的调整，让画面整体的效果变得更加理想，这样最终照片的处理就完成了。最后将照片图层拼合起来并保存图片即可。

178 如何制作斑驳光效，让模糊效果更真实?

下面我们再通过一个案例介绍制作浅景深的技巧。从原始照片可以看到，背景因为光线的照射以及存在部分比较浓重的阴影，所以显得非常混乱，这不利于主体的突出。而制作浅景深效果之后可以看到背景得到了很好的虚化，并且背景当中有一些虚化的光斑，接近于用相机直接拍摄出的效果，也就是说本案例当中我们制作的浅景深效果是非常理想的。

原始照片。

处理后的效果。

下面来看具体的处理过程。

首先在Photoshop中打开原始照片。

然后在工具栏中选择“快速选择工具”，将主体部分全部选择出来。

放大照片，对于主体边缘一些选择不够精确的位置，可以通过使用“添加到选区”或“从选区减去”这两种方式，对边缘进行调整。

我们应该知道这样一个事实，就是我们将要调整的是主体之外背景部分的模糊程度，所以单击“选择”菜单，选择“反选”，这样就将所有的背景都选中了。

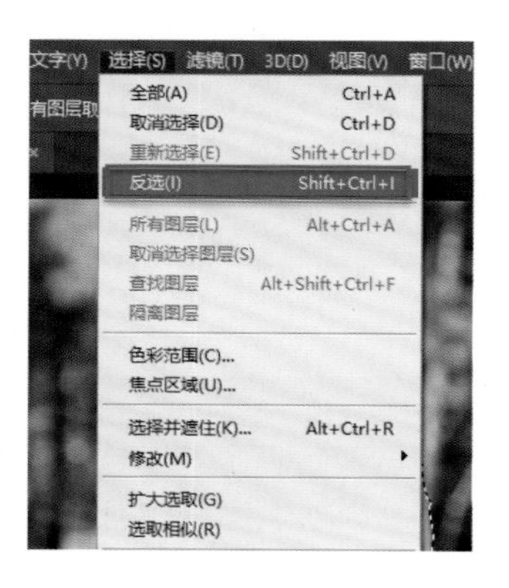

选中背景之后，此时从照片当中我们可以看到选择的区域为背景部分，已经将主体排除在选区之外，然后单击“滤镜”菜单，选择“转换为智能滤镜”。

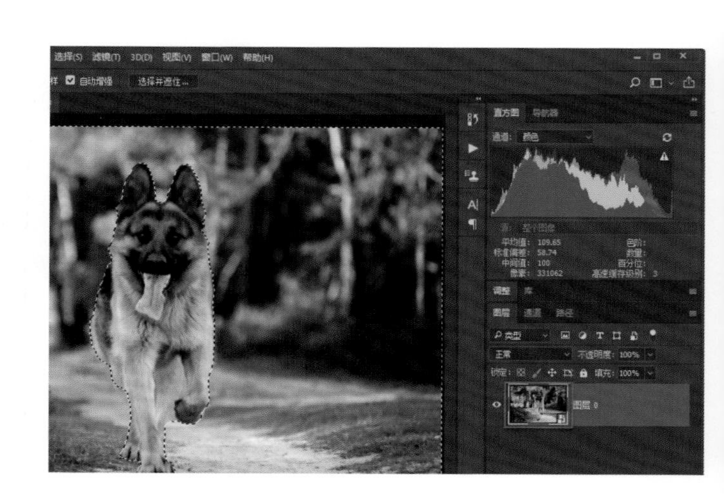

打开“滤镜”菜单，选择“模糊画廊”，再选择“光圈模糊”。

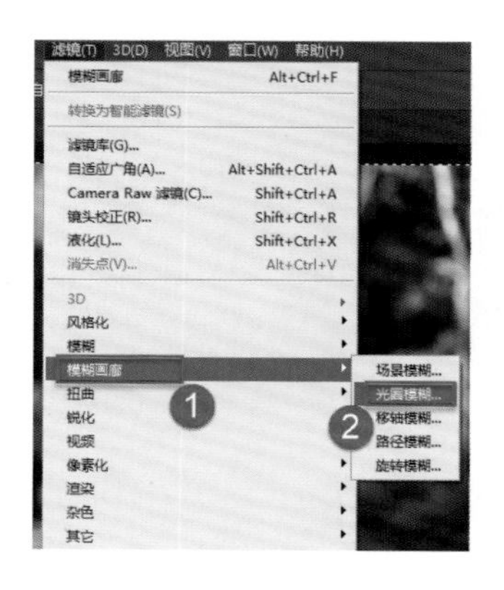

打开“光圈模糊”面板，可以发现界面中已经直接生成了光圈模糊的效果。这时我们可以提高模糊的数值，让背景进一步虚化。

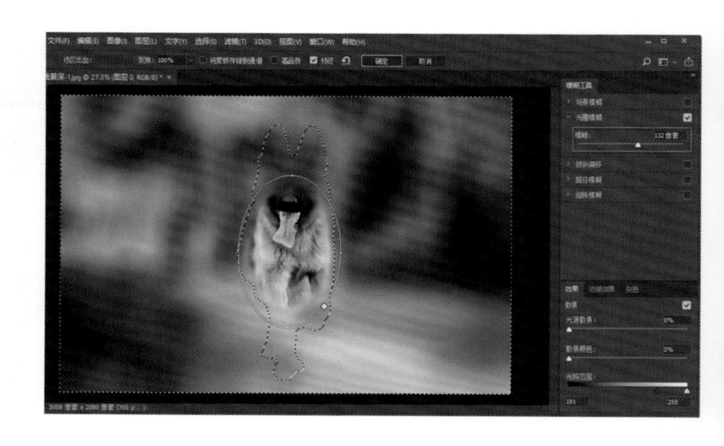

调整光源散景和散景颜色这两个参数，让模糊效果更真实一些；底部的光照范围参数，主要用于限定模糊区域内亮点的亮度，一般与光源散景和散景颜色这两个参数组合使用。调整完毕后单击“确定”按钮，返回到Photoshop工作界面。

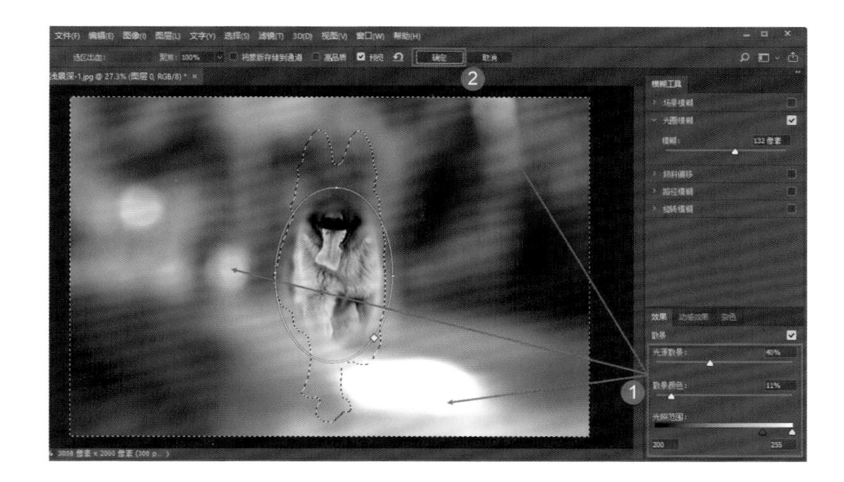

此时照片仍然是有一定问题的，比如前景的草丛部分虚化有些过度，主体下方有一团明显的“死白”的光斑。针对这种情况，首先将前景色设为黑色，按住键盘上的Alt键，再按键盘上的Delete键，将选区内填充上前景黑色，将主体部分还原出来。

首先，单击选中蒙版图标，然后选择画笔工具，设定合适的画笔直径大小，设定前景色为黑色，适当地降低画笔的流量，然后在前景的草丛上和光斑上进行涂抹，将这些位置还原出本来的亮度。

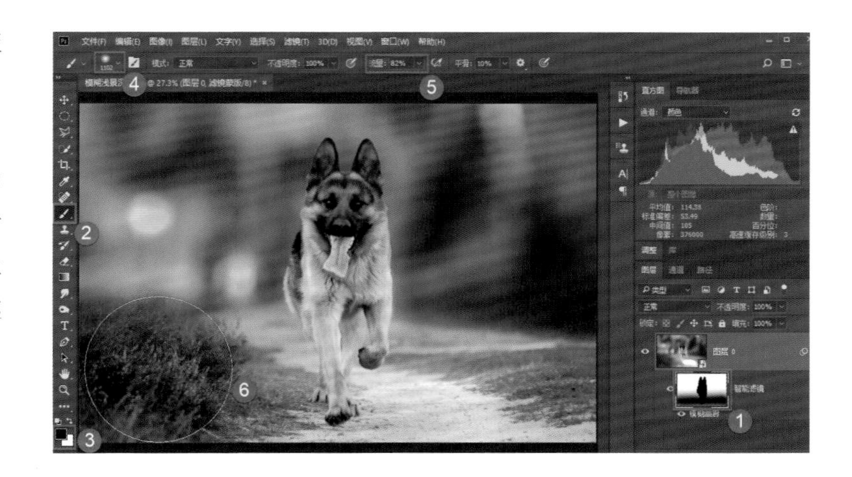

双击智能滤镜蒙版图标，打开蒙版属性面板，在其中提高羽化值，要注意羽化值一定不能过高，否则主体边缘会出现明显的不自然的痕迹。然后关闭面板。

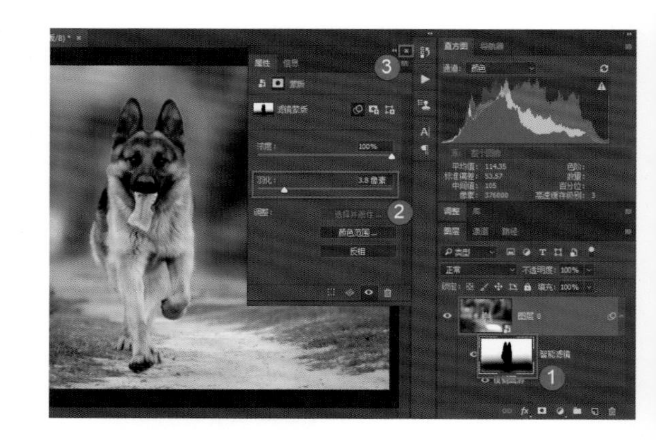

此时观察整个照片画面，会发现左侧的草丛有一团比较暗的区域，显得比较沉重，让这片区域显得不够干净。

在工具栏当中选择画笔工具，将前景色设为白色，适当地降低画笔流量，然后缩小画笔直径，在较暗的位置轻微地涂抹，还原出一定的模糊状态，这样就将这部分提亮了，让画面显得比较轻盈、干净。

制作好整个画面效果之后，在图层名的空白处单击鼠标右键，在弹出的快捷菜单中选择“拼合图像”命令。

将所有的图像拼合起来之后，保存照片即可完成整个照片的处理，最终效果如下图所示。

179 如何用缩星法消除杂乱的星点?

我们拍摄的星空照片,往往会将明的、暗的星星完全曝光出来，显得天空的星点特别密集，导致我们要表现的银河等主体对象不是那么明显,画面会显得比较凌乱。经过缩星，我们就可以将银河周边的一些亮星压暗甚至消除，使最终照片中的银河纹理显得特别清晰，这样银河就会特别突出，画面整体看起来也比较干净。具体操作时，在摄影后期软件当中，我们要将照片周边一些不需要的星星选择出来,用“最小值”或是“蒙尘与划痕”等滤镜将这些星星抹掉，从而最终得到比较干净的画面效果。

原始照片。

处理后的效果。

下面来看具体的处理过程。

首先在 Photoshop 当中打开这张照片，实际上这张照片已经进行过对银河的强化，以及画面影调的处理等全方位的调整。但实际上，如果仔细观察，就会发现天空当中的星星还是比较多的。如果进行缩星，可能效果会更好一些。因此，按 Ctrl+J 组合键，复制一个图层。选中新复制的图层，单击“选择”菜单，选择“色彩范围”。

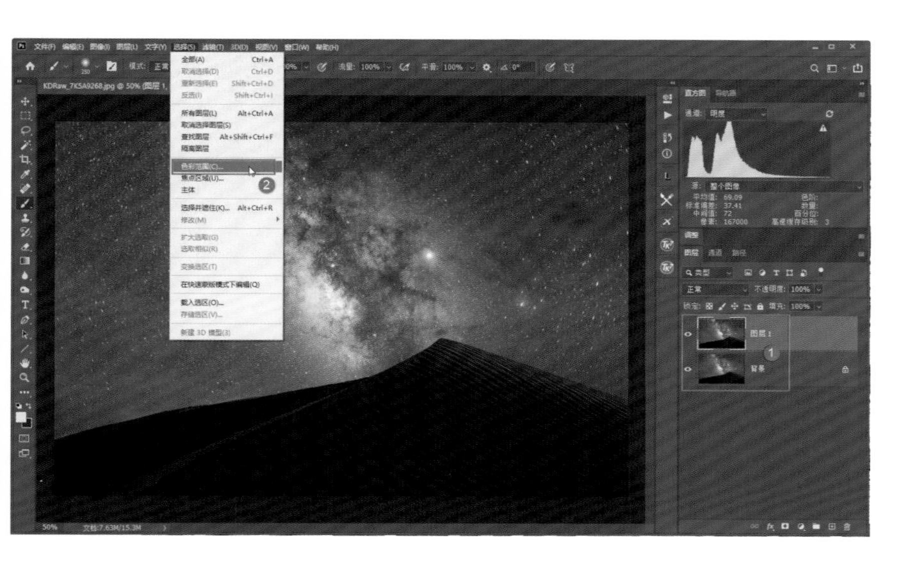

在打开的“色彩范围”对话框中设定取样颜色，将“吸管工具”移动到天空当中比较大的明亮的星星上单击进行取样，这样与被选取的星星明暗相差不大的一些星点就会被选择出来。

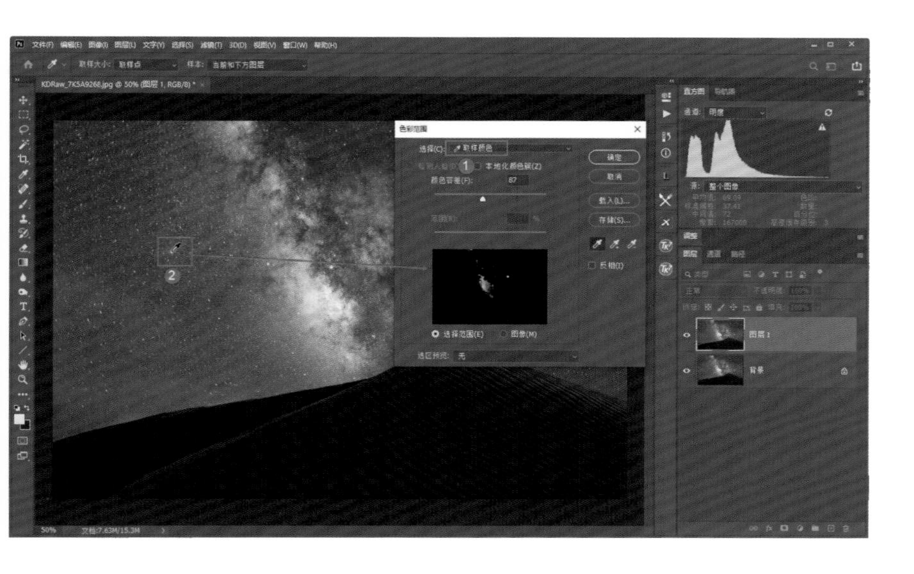

为了便于我们观察所选的星点的效果是否准确，可以在“色彩范围”对话框下方的选区预览下拉列表中选择“灰度”，此时整个照片会以灰度的方式显示，更便于我们观察。接下来在“颜色容差”中拖动滑块，调整我们所选择的星点的区域，白色的区域为我们所选的星点，黑色的区域为不进行选择的地景与天空，通过调整之后，就设定了非常准确的选择效果。然后单击“确定”按钮，返回到Photoshop工作界面。

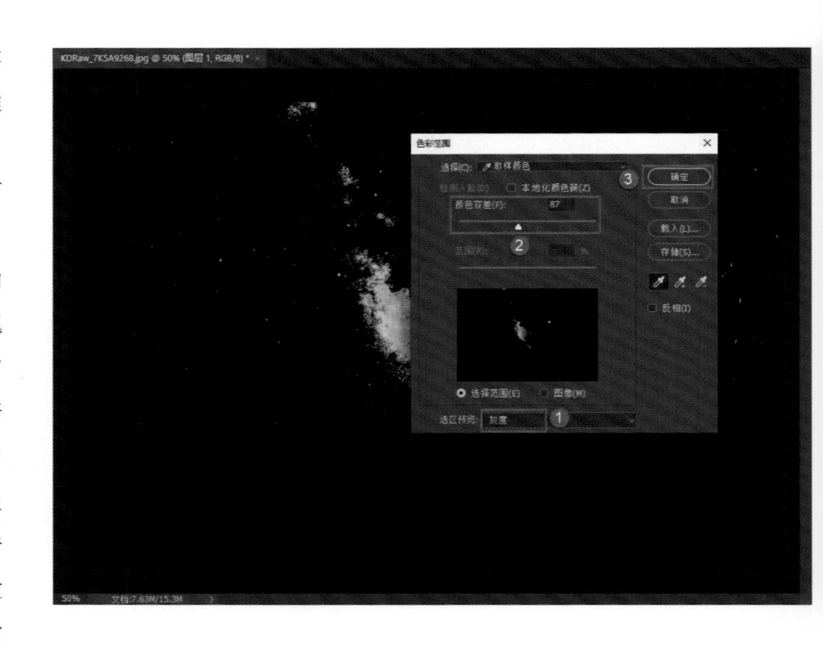

这样操作后，天空当中的星点会被建立起选区。接下来，单击“选择”菜单，选择“修改”，再选择“扩展”，打开“扩展选区”对话框，在其中设定扩展量为“2”，也就是2个像素，即每个星点向周边扩展2个像素，以确保选择范围更大一些。然后单击“确定”按钮，这样就可以看到星点及其周边很小的一片区域被选择了出来。

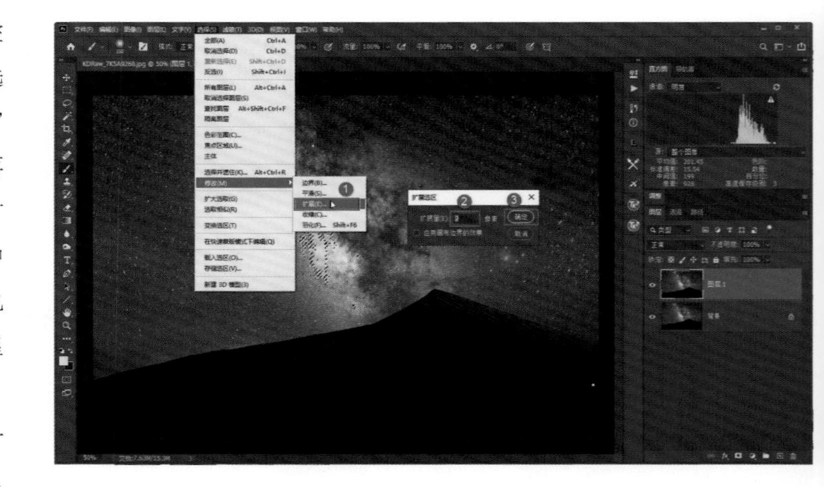

但是整个大面积的天空是不会被选择的。

接下来，单击“滤镜”菜单，选择“其它”，再选择“最小值”，打开“最小值”对话框，进行最小值的缩星。当然，使用“最小值”缩星或使用“蒙尘与划痕”缩星的效果基本相同。

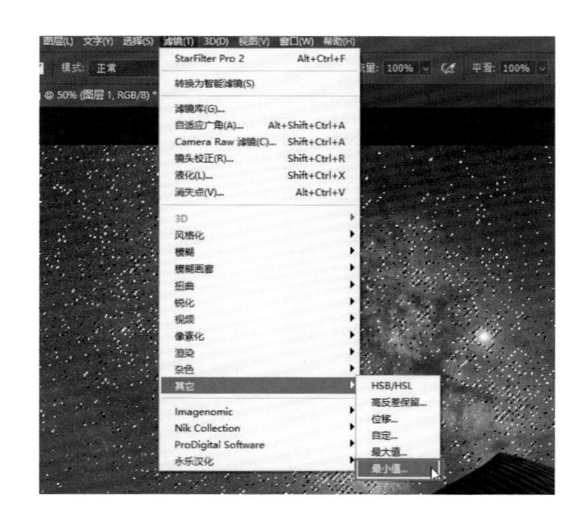

下面我们就介绍使用“蒙尘与划痕”缩星，它的使用方式与“最小值”缩星的基本相同。单击“滤镜”菜单，选择“其它”，再选择“最小值”，打开“最小值”对话框，在其中设定“半径”为“1.0”，一般来说此时的半径应设定为之前扩展半径的一半，之前扩展了 2 个像素，这里的半径就应设定为 1 个像素；在“保留”下拉列表中选择“圆度”，然后单击“确定”按钮，这样就可以完成整个星点的缩星。

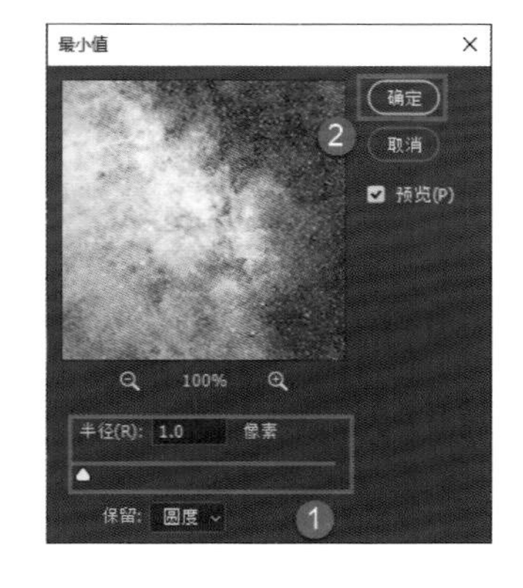

可以看到，此时的天空变得非常干净，大量的非常杂乱的星点被消除掉了。但是如果缩星的幅度过大，则画面看起来可能不是特别自然，因此可以选中缩星图层，适当地降低缩星图层的不透明度，让缩星的效果更自然一些。

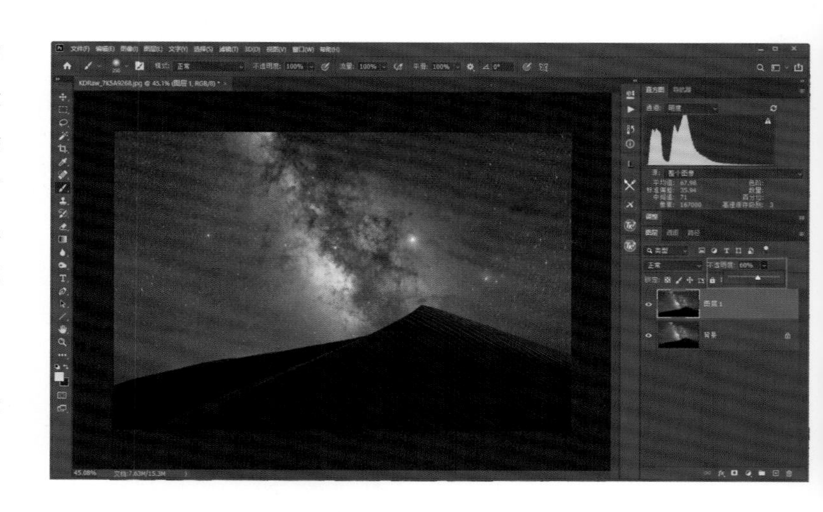

此外，还需要单独说明一点：实际上，我们使用的“最小值”的测定方法，是通过查找选区内整个区域在一个半径范围之内最暗的像素，并将其用于填充较亮的像素。星点是较亮的像素，这种方法会查找星点周边比较暗的像素，也就是正常的天空部分，用天空的亮度来填充比较明亮的星星，起到缩星的作用。如果检索更大的范围，比如“最小值”的“半径”值设定为 3 或 5，范围非常大，一定能够找到非常暗的像素，将整个的星点彻底消除掉，这显然画面也不会太过自然。因此，通常来说，选择缩星的设定时，选区的扩展量是 2，半径设定为 1，这样只是在一定程度上进行了缩星，不会将所有的星点全部消除掉，会让画面显得更加自然。而实际上，除使用“最小值”进行缩星之外，还可以用“蒙尘与划痕”这种操作来替代。

所谓“蒙尘与划痕”是指用周边的一般像素亮度来模糊掉星点位置的亮度，画面的效果可能会更平滑一些，但是缩星之后画面锐度的下降可能会更严重，所以具体应使用“最小值”缩星还是使用“蒙尘与划痕”缩星，要看个人喜好和需求。

180 如何用Nik滤镜添加柔光特效?

下面介绍如何使用Nik Collection当中的柔光特效，让画面变得更加柔和、干净。

从原始照片可以看到，整体的锐度是比较高的，画面稍显杂乱。

添加柔光特效之后，光感更加强烈，并且光源周边显得非常柔和，画面整体也显得更加干净。

原始照片。

处理后的效果。

下面来看具体的处理过程。

在 Photoshop 当中打开原始照片，单击“滤镜”菜单，选择“Nik Collection”命令，再选择“Color Efex Pro 4”命令，这样可以进入 Color Efex Pro 4 滤镜界面。

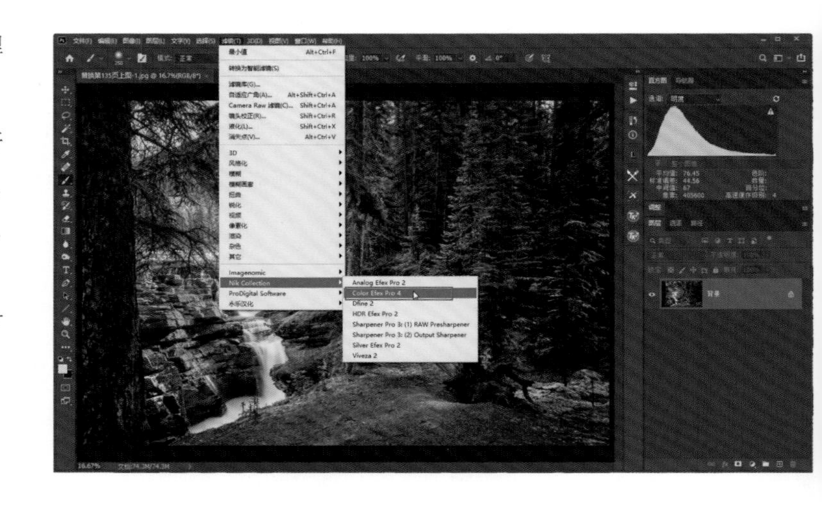

将照片载入 Color Efex Pro 4 滤镜界面之后，会自动载入我们最后一次使用的滤镜。从下图当中的位置“①”就可以看到，已经自动套用了“天光镜”，而我们要使用的是“古典柔焦”，“古典柔焦”可以起到柔化画面的作用。

因此，首先在左侧列表中切换到“喜爱”这个分类，在这个分类当中，我个人收藏了一些比较常用的 Nik 滤镜。如果用户是第一次使用这个功能，则“喜爱”分类当中是没有任何滤镜的，需要在“所有”这个分类里查找想要使用的滤镜，如果要进行收藏，只要单击该滤镜前的“五角星”就可以了，单击后，该五角星会由灰色改为黄色，就表示将这个滤镜进行了收藏，后续使用时直接到“喜爱”这个分类查找即可。这里切换到“喜爱”这个分类，然后单击“古典柔焦”右侧的图标，这样就可以进入古典柔焦滤镜界面。

在古典柔焦滤镜界面中，单击左侧区域的预览照片，可以套用不同的柔焦形式。经过对比，选择了第二种，也就是“强烈柔焦点”，这种模式下画面整体的效果会比较理想。当然，柔焦的添加是对整个画面同时添加的。实际上我们还有一种方式是在右侧的参数面板中单击“控制点”的添加按钮，然后在照片当中单击添加控制点。添加控制点后，全图柔焦的效果消失，只有控制点影响的范围之内才会起到柔焦作用。也就是说，通过添加控制点，可以在制作滤镜时“一步到位”地控制想要进行柔焦的区域。但实际上，因为我们可以借助于图层和蒙版进行控制，所以是否添加控制点没有太大关系。这里不添加控制点，直接单击“确定”按钮。

这样等待一段时间之后，Photoshop工作界面会生成两个图层，背景图层是原始照片，其上方会生成一个添加柔焦效果的图层。然后单击“创建图层蒙版”按钮，为上方的柔焦图层创建一个蒙版。

接下来，在工具栏中选择“渐变工具”，设定前景色为黑色、背景色为白色，设定“前景色到透明渐变”，设定“径向渐变”。然后在不想添加柔焦效果的位置，特别是一些边缘比较暗的位置进行涂抹，将这些区域的柔焦效果消除掉，只保留光源以及周边一些区域的柔焦效果。这样我们想要的效果就呈现出来了。

这里需要单独说明，为什么要设定“前景色到透明渐变”。如果是从黑到白或者从某种颜色到某种颜色的单独的渐变，制作渐变时，在照片当中只能拖动一次，第二次拖动时，第一次的效果会消失，只有设定从“前景色到透明渐变”才能够在照片当中进行多次渐变的叠加。

因为是拖动渐变，有些区域的结合并不是太平滑、太柔顺。因此双击图层蒙版图标，打开蒙版属性面板，在其中提高羽化值，这可以让柔焦区域与被擦拭掉不柔焦的区域有一个更平滑的过渡，这样柔焦效果就制作完成了。从画面中可以看到，太阳光源周边效果非常理想，看起来非常干净，而画面暗处则没有柔焦效果，整体显得比较自然、协调。

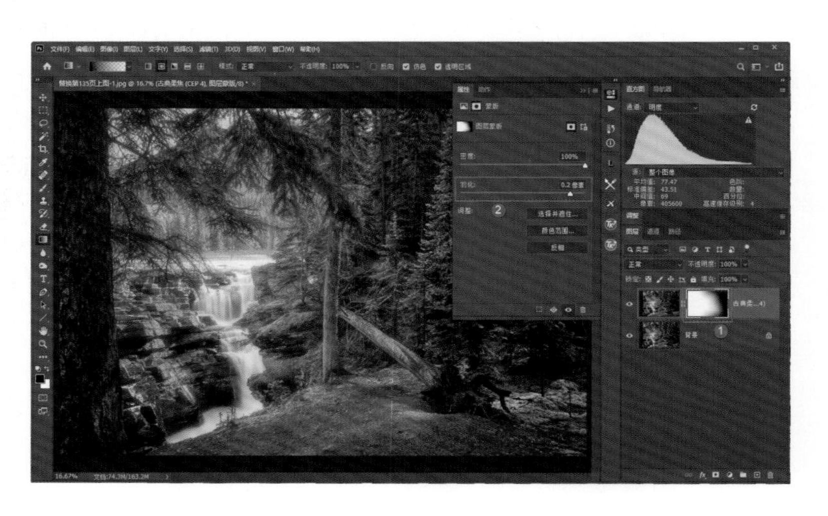